Erika Lüthi
Hans Oberpriller
Anke Loose
Stephan Orths

Teamentwicklung mit Diversity Management

Haupt

Erika Lüthi
Hans Oberpriller
Anke Loose
Stephan Orths

Teamentwicklung mit Diversity Management

Methoden – Übungen – Tools

4., aktualisierte und erweiterte Auflage

Haupt Verlag

Erika Lüthi ist Supervisorin, Coach und Organisationsentwicklerin als Begleiterin von Veränderungsprozessen.

Hans Oberpriller ist Betriebswirt, Personal- und Organisationsentwickler sowie Gründer und Berater des Beratungsunternehmens *synetz – change consulting GmbH,* Troisdorf.

Anke Loose ist Dipl.-Kauffrau, Beraterin, Trainerin und Coach und begleitet Veränderungsprozesse in Organisationen und Teams. Gründerin von *Loose, von Unruh & Partner* in Karlsruhe.

Stephan Orths ist Dipl.-Ing. und Berater von individuellen und organisatorischen Veränderungsprozessen. Er ist Inhaber von *synetz – changeprozesse* in Freiburg i.Br.

Zusatzmaterialien und Praxisbeispiele auf:
www.diversity-teamentwicklung.com

4. Auflage: 2020
3. Auflage: 2013
2. Auflage: 2010
1. Auflage: 2009

Bibliografische Information der *Deutschen Nationalbibliothek*
Die Deutsche Nationalbibliothek verzeichnet diese Publikation in der Deutschen Nationalbibliografie; detaillierte bibliografische Daten sind im Internet über http://dnb.dnb.de abrufbar.

Der Haupt Verlag wird vom Bundesamt für Kultur mit einem Strukturbeitrag für die Jahre 2016 – 2020 unterstützt.

ISBN 978-3-258-08163-2

Umschlaggestaltung nach einer Konzeption von Martin Zech, Bremen
Umschlagabbildung: Robert Matton Images
Redaktion und Satz: Autorinnen und Autoren
Printed in Germany

www.haupt.ch

Inhaltsverzeichnis

Eine Einführung in das Buch

Dieses Buch ist eine praktische Hilfe für alle, die mit vielfältigen Teams arbeiten, leicht anwendbar und verständlich. Schon bei unseren ersten Überlegungen, in denen es darum ging, ob wir unsere Erfahrungen und Ideen zur Verfügung stellen wollen, war sehr schnell ein zentraler Gedanke bei uns allen zu spüren: Wir wollten ein Buch schreiben, das für den Leser und für die Leserin eine praktische Hilfe darstellt.

Wir sind eine Gruppe von Autoren und Autorinnen, von Beratern und Beraterinnen, Supervisoren und Supervisorinnen, Coaches, Organisationsentwicklern und Organisationsentwicklerinnen aus Deutschland und der Schweiz. Alle verfügen über umfangreiche praktische Erfahrungen in der Entwicklung von Gruppen und Teams in Unternehmen und anderen Organisationen.

Unser Ziel ist es, Teamentwicklern, Beratern, Personalentwicklern und Führungskräften ein Arbeitsbuch für die Entwicklung vielfältiger Teams an die Hand zu geben, egal ob sie sich in einem Unternehmen oder einer anderen Organisation befinden.

Uns alle hat ein gemeinsames Thema getrieben und begeistert: die Vielfalt in den Teams. Wir mussten in unserer Arbeit erfahren, dass Vielfalt (Unterschiede und Ähnlichkeiten) immer häufiger der zentrale Aspekt in Teams ist, der lähmt oder beflügelt. Wir haben erlebt, wie spannend es für das Team ist, den Einzelnen zu entdecken und dabei Unterschiede und Verbindendes zu erfahren. Wir konnten erkennen und lernen, welche positive Energie sich in der Zusammenarbeit entwickelt, wenn die Vielfalt klar benannt und reflektiert ist. Wir sind überzeugt, dass es sich hier um eine neue Herausforderung für Führungskräfte handelt, zu deren Auftrag es gehört, ihr Team erfolgreich zu entwickeln.

Unsere Erkenntnisse haben wir in unserem Diversity-Teamentwicklungsmodell verankert – Herzstück und Basis für alle Übungen, die im Methodenteil zu finden sind. Es liefert Orientierung und gibt Unterstützung.

Das Buch soll mit seinen fünf Abschnitten anregen, sich der Vielfalt eines Teams anzunehmen, sie zu thematisieren und besprechbar zu machen – zu erleben, wie die Zusammenarbeit erfolgreicher wird, wenn es gelingt, Vielfalt nicht als Störung, sondern als Chance zu begreifen.

Im ersten Kapitel finden Sie einige theoretische Erläuterungen. Auch wir haben akzeptieren müssen, dass wir nicht ganz ohne Theorie auskommen. Wir haben uns dabei kurzgehalten, auch wenn es manchmal schwer war, zu entscheiden, ob die Knappheit ausreicht oder nicht.

Im zweiten Kapitel beschreiben wir unser Diversity-Teamentwicklungsmodell. Es unterstützt Sie, Ihre Teamentwicklung mit Diversity-Kompetenzen angemessen zu gestalten. Das sind die notwendigen Fähigkeiten, die Mitglieder und Führungskräfte diverser oder heterogener Teams beherrschen sollten.

Im dritten Kapitel beginnt die Praxis mit einer Vielzahl von Methoden und Übungen für unterschiedliche Ausgangssituationen eines diversen Teams und zur Entwicklung der Diversity-Kompetenzen. Das dafür entwickelte Raster soll Ihnen helfen, schnell die geeignete Übung zu finden.

Im vierten Kapitel stellen wir Ihnen Designs zu praktischen Fällen vor, an denen wir gearbeitet haben. Sie zeigen Ihnen, welche Erfahrungen wir in der Anwendung unseres Modells gemacht haben. Mit ihnen können Sie entdecken, welche Ausgangssituationen für Diversity-Teamentwicklung geeignet sind.

Im Anhang finden Sie das Quellenverzeichnis sowie die Beschreibung der Autoren und Autorinnen, die sich Ihnen als Gesprächspartner und -partnerin zur Verfügung stellen.

Wir haben uns in diesem Buch auf die Darstellung der Diversity-Teamentwicklung konzentriert. Auf die Beschreibung von Erkenntnissen aus der Entwicklung von Gruppen zu Teams (Teamentwicklung) haben wir bewusst verzichtet. Dazu wurde vieles gesagt und ist ausreichend Literatur vorhanden.

Da wir uns in diesem Buch auf die Darstellung der Diversity-Teamentwicklung konzentriert haben, ist Folgendes zu beachten: Nicht jede Arbeitsgruppe, die zusammenarbeitet, ist automatisch ein Team, wie viele annehmen. Wir verstehen unter einem Team eine leistungsstarke Einheit in einer Organisation, die genügend Handlungsspielraum hat, die gemeinsam für Ergebnisse und Resultate verantwortlich ist. Eine Arbeitsgruppe verlässt sich hauptsächlich auf die individuellen Leistungen der Mitglieder, um eine bestimmte Gruppenleistung zu erzielen. Das Team betont sowohl die individuelle Verantwortung als auch die gemeinsame Verantwortung. Das Team zielt auf den Synergieeffekt ab. Die Entwicklung von einer Arbeitsgruppe zu einem leistungsstarken Team ist die zentrale Herausforderung für viele Führungskräfte.

1 Diversity und Diversity Management

1.1 Geschichte von Diversity und Diversity Management

Immer schneller, immer dynamischer verändert sich unsere Welt. Unternehmen setzen auf globale Märkte und internationale Fusionen. Längst sind Landesgrenzen für die Wirtschaft größtenteils gefallen. Galt noch vor 30 Jahren der Wechsel eines Arbeitnehmers zu einer Niederlassung fern der Heimat als etwas Besonderes, so ist heute ein Auslandsstudium und die Erfahrung mit fremden Kulturen für Studenten eine Selbstverständlichkeit. Bei Mitarbeitenden und Führungskräften sind Flexibilität und Mobilität mehr denn je gefragt. Und nicht zuletzt der demografische Wandel in unserer Gesellschaft sowie der Zuzug von Menschen mit Migrationshintergrund lassen neue vielfältige, manchmal sogar virtuelle Teams in den Unternehmen entstehen. Längst ist Diversity zur Herausforderung in der Wirtschaft geworden.

Dabei verstand man lange Zeit unter Diversity zunächst einmal die Vielfalt sichtbarer Unterschiede wie zum Beispiel die Hautfarbe, das Geschlecht, das Alter, die körperliche Ausstattung von Menschen sowie all die unsichtbaren Unterschiede wie kulturelle Herkunft, Talent, geschlechtliche Orientierung, die Profession oder Erfahrung und vieles mehr. Die Antidiskriminierungsgesetze der USA und der EU besagen, dass niemand wegen seines Alters, Geschlechts, ethnischer Herkunft, Behinderung, Religion oder sexuelle Orientierung einen Nachteil in einem Unternehmen erleiden darf. Diese Sichtweise war aus der primär amerikanischen Auffassung entstanden – dem Versuch, Andersartigkeit (z. B. schwarze Bevölkerung) wertzuschätzen und sie gleichzustellen. Dies sind und waren die „klassischen" Aspekte der Diversity – in einer eher ethisch moralischen Betrachtungsweise. Doch welche Rolle spielte Diversity im unternehmerischen Kontext?

Die Wissenschaftler David A. Thomas und Robin J. Ely (1996) haben die Geschichte der Diversity-Diskussion auf eine sehr anschauliche Weise in drei Paradigmen zusammengefasst.

Paradigma 1: 60er- bis 70er-Jahre

Als Folge der Unterdrückung und Diskriminierung von Minderheiten entstand zu dieser Zeit ein eher dogmatischer Ansatz mit dem zentralen Aspekt, aus Fairnessgründen vermehrt Mitglieder aus sogenannten „Identitätsgruppen“ (Frauen, Schwarze, Behinderte usw.) einzustellen.

Unternehmen galten als erfolgreich, wenn sie den Anteil der Identitätsgruppen erhöht hatten, wobei spezielle Führungs- und Mentorenprogramme helfen sollten. Es ging darum, die Vielfalt unter den Mitarbeitenden zu erhöhen, nicht aber die Organisation an den Unterschieden lernen zu lassen und zu entwickeln. Interessanterweise entstand der Tenor „wir sind doch alle gleich“, und jeder wollte gleichbehandelt werden. Unterschiede, die durch die Identitätsgruppen entstanden sind, wurden somit negiert. Wo Gleichmachen gefordert war, hatten jedoch Konfliktfähigkeit, Innovation und Lernen in der Organisation keinen Platz.

Besonders in bürokratischen top-down operierenden Unternehmen wurde so mit Diversity umgegangen – politisch korrekt, aber nicht zwangsweise aus Überzeugung.

Paradigma 2: 80er- bis 90er-Jahre

Diese Phase führte zu einer Umkehrung. Man akzeptierte Unterschiede und zelebrierte sie teilweise sogar. Durch Differenzierung und die Betonung der Unterschiede wollte man Zugang zu bestimmten Märkten erlangen. Marktsegmentierungsstrategien wurden eingesetzt, um neue Zielgruppen zu identifizieren.

In den USA waren dies zunehmend ethnische Gruppen, in Deutschland überwiegend einkommensstarke Gastarbeiterfamilien der zweiten Generation und Frauen. Die Seniorengruppe tauchte zum ersten Mal auf. Ganz gezielt wurden Mitglieder der Zielgruppen eingestellt, um deren Wissen zu nutzen und in Erwartung, Zugang zu einer Zielgruppe zu erhalten.

In vielen Nischen arbeiteten viele unterschiedliche Mitarbeitende mit eigenen Strategien. Es gab jedoch keine Vernetzung der Unterschiede; das Wissen blieb verborgen und ein Lernen der Gesamtorganisation fand nicht statt. Nur selten gelang es, diese Ressourcen in Veränderungsstrategien einzubeziehen.

Paradigma 3: ab 2000

Das neue Jahrtausend bringt einen weiteren Paradigmenwandel: Integration, gegenseitige Wertschätzung und Chancengleichheit stehen im Fokus. Erstmals werden Unterschiede gezielt genutzt, um gemeinsam zu lernen und die Organisation voranzubringen.

Unternehmen und Organisationen stellen explizit Mitarbeitende mit vielfältigem Identitätshintergrund, diversen Kompetenzen und mit professioneller Ausrichtung ein, um diese als Ressource zu nutzen. Marktstrategien entstehen unter Einbeziehung von deren Erfahrungen oder werden gezielt hinterfragt, neue Produkte konzipiert, Abläufe, Funktionen und Kommunikation verändert. Die Mitarbeitenden sind motiviert, spezifische Erfahrungen mitzuteilen, die wertgeschätzt aufgenommen und verarbeitet werden. Dadurch entwickelt sich in den Unternehmen langsam ein neues Lernklima.

Um dies in den Unternehmen umsetzen zu können, definierten Thomas und Ely bereits 1996 nachfolgende Bedingungen:

- Die Führung versteht und schätzt Diversity.
- Die Führung erkennt die Lernchancen und akzeptiert die Herausforderungen für die Organisation, die aus dem Diversity-Ansatz entstehen.
- Die Organisationskultur ist geprägt durch hohe Leistungserwartungen.
- Die Organisationskultur stimuliert persönliche Entwicklung, fördert Offenheit und wertschätzt Mitarbeitende.
- Es gibt eine klare Vision, sowie eine von allen verstandene Mission.
- Die Struktur ist unbürokratisch und geprägt von weitgehender Gleichberechtigung.

Diversity Management wird zu einem bewussten, selektiven, gesteuerten Prozess der notwendigen Unterschiede und Ähnlichkeiten eines Unternehmens.

Doch Vielfalt alleine ist noch kein Wert an sich, sondern bemisst sich in Art und Umfang nach den Zielen des Unternehmens. Bereits Thomas und Ely haben festgestellt, dass heterogene Teams keineswegs automatisch aufgrund ihrer Vielfalt zu einem höheren Leistungsniveau gelangen. Vielmehr bedarf es einer „Umwelt", in der Diversity gelebt werden kann. Das Management steht also vor der Herausforderung, Bedingungen zu schaffen, welche die Nutzung und Steuerung von Vielfalt ermöglichen.

Diversity weiter gefasst, ist also auch ein zentraler Faktor für Veränderung und Fortschritt. Hierzu gilt es, Vielfalt herzustellen, zu gestalten und zu managen. Die Hintergründe dafür liegen in einer diversen Gesellschafts- und Marktentwicklung, in Werte- und Rollenveränderungen, dem technischen Fortschritt, dem demografischen Wandel, der Globalisierung und nicht zuletzt in den politischen Rahmenbedingungen.

Die Belegschaften in den Organisationen werden zunehmend vielfältiger und spiegeln die Gegebenheiten der Gesellschaft und der Kunden und Kundinnen-Struktur deutlicher wider.

Auch die zunehmende Diversifizierung von Einstellungen, Werten, Lebensstilen und anderen Bekenntnissen trägt zur steigenden Vielfalt in den Unternehmen und Organisationen bei.

Analog zu den dargestellten – internen – Veränderungen gibt es ebenso Auswirkungen auf die Kunden- und Kundinnenstrukturen der Unternehmen. Migranten und Migrantinnen stellen europaweit einen höheren Prozentsatz der Kunden und Kundinnen dar (Stuber, 2003). Die Kunden und Kundinnen werden kritischer und vielseitiger und bekommen einen besseren Überblick über das Angebot auf dem Weltmarkt. Diversity Management beginnt zu einer strategischen Komponente zu werden, die alle Teile und Bereiche der Organisation betrifft.

Paradigma 4:

Dieses Paradigma wurde für die vierte Auflage (2019) von den Autorinnen und Autoren ergänzt.

Entwicklungen, die in Paradigma 3 dargestellt wurden, haben sich weiter potenziert. Dabei bildet insbesondere die weiter zunehmende Komplexität den Treiber für tiefgreifende Veränderungen.

Die technologischen Entwicklungen – hier vor allem die neuen Möglichkeiten der Digitalisierung – ermöglichen einen Quantensprung im globalen Wettbewerb. In immer kürzeren Fristen entstehen neue Kundenanforderungen und damit neue Märkte, gefolgt von neuen Geschäftsmodellen. Gleichzeitig bilden die informellen Diskussionen in internetbasierten Anwendungen eine ungeahnte Dynamik aus.

Parallel verschärfen sich die Auswirkungen des demographischen Wandels auf dramatische Weise: In verschiedenen Branchen entstehen bedrohliche Personalengpässe und gleichzeitig entwickeln vor allem die jungen Generationen ein deutlich gesteigertes Selbstbewusstsein. Die gut ausgebildeten Nachwuchskräfte der sogenannten Generationen Y und Z kennen ihren Wert. Sie wissen zunehmend um ihre Bedeutung als kritische Human Ressource und fordern Orientierung und Identifizierung mit dem Sinn eines Unternehmens sowie Möglichkeiten zur Entfaltung der eigenen Potenziale. Unternehmen reagieren darauf und treten ein in den „War for Talents“ mit zielgruppengerichteten Talent Management Programmen.

2019 beschreibt Deloitte mit seiner Studie „Global Human Capital Trends – das Erscheinen des Social Enterprise“ eine Organisation, der es gelingt, profitables Wachstum mit positivem und nachhaltigem Einfluss zu kombinieren.

Da langfristige Planungen und Prognosen oft nicht mehr passen, lernen Unternehmen zunehmend auf Sicht zu fahren und schneller auf die Bedürfnisse der Kunden und Stakeholder einzugehen.

Es entstehen zunehmend netzwerkartige Firmenstrukturen mit klarer Ausrichtung auf die Bedürfnisse der Kunden und Stakeholder.

Eine Konsequenz der beschriebenen Einflussfaktoren sind neue – z. B. sognannte agile – Arbeitsformen sowohl im Projekt Management, als auch in der Aufbau- und Ablauforganisation von Unternehmen. Entscheidungen und Prozesse werden zunehmend von Teams in Selbstverantwortung übernommen. Dabei wird auch die tradierte Rolle der Führung grundlegend in Frage gestellt. Es entstehen neue Macht- und Entscheidungsformen – von komplett hierarchiefreien Organisationen bis hin zu neuartigen Führungsmodellen. Dadurch werden die Teams zunehmend funktionsübergreifend und immer diverser. Ebenso erhöht sich auch der Anteil an virtueller Zusammenarbeit bzw. virtuellen Teams – auch über verschiedene Länder und Zeitzonen hinweg.

Neue Organisationsformen finden ihre Ausrichtung und Orientierung in der aktiven Frage nach dem Sinn des gemeinsamen Handelns. Die bewusste Auseinandersetzung mit dem eigenen Existenzgrund ist sowohl richtungsweisend als auch identitätsstiftend. Gleichzeitig wird damit den Forderungen der Generationen Y und Z Rechnung getragen und die Anziehungskraft des Arbeitgebers für diese Gruppe gesteigert.

Die beschriebenen selbststeuernden Teams können im bewussten Umgang mit ihrer Vielfalt den Organisationen als Gedeihräume der Potenzialentfaltung dienen. So wird Diversität unmittelbar erlebbar und für die Organisation nutzbar.

Scharmer spricht in seinem Buch “ Vom Ego- zum Ökosystem“ (2014) davon, dass sich unsere Gesellschaft um das Gemeinwohl herum organisiert; d. h. Interessengruppen erweitern den Fokus ihrer Aufmerksamkeit vom egoistischen Anspruch hin zu einem gemeinsamen Bewusstsein auf das ganze System. Probleme werden aus der Perspektive der anderen wahrgenommen. Dialogische Prozesse ermöglichen, dass unterschiedliche Stakeholder mit ihren spezifischen Interessen in ein kreatives Handeln kommen. Dies führt zu Entscheidungen, die dem ganzen System nützen und nicht nur einem Teil. Es werden Innovationen auf der Ebene

des Gesamtsystems hervorgebracht, die eine evolutionäre Weiterentwicklung zum Wohle aller vorantreiben.
Der Ansatz des Diversity Managements hilft auf diesem Weg.

1.2 Unser Verständnis von Diversity

Über die klassischen Kriterien des Antidiskriminierungsgesetzes hinaus sehen wir noch eine Menge weiterer Unterschiede, die für die erfolgreiche Entwicklung von Unternehmen und sonstigen Organisationen und deren Gruppen und Teams relevant werden können.

> Diversity bedeutet für uns die Vielfalt von Unterschieden und Ähnlichkeiten bei Individuen, Gruppen, Teams, Organisationen und in der Gesellschaft.

Diese Vielfalt zeigt sich auf der individuellen und auf der Gruppenebene. Gardenswartz und Rowe unterscheiden innere, äussere und organisationale Dimensionen.

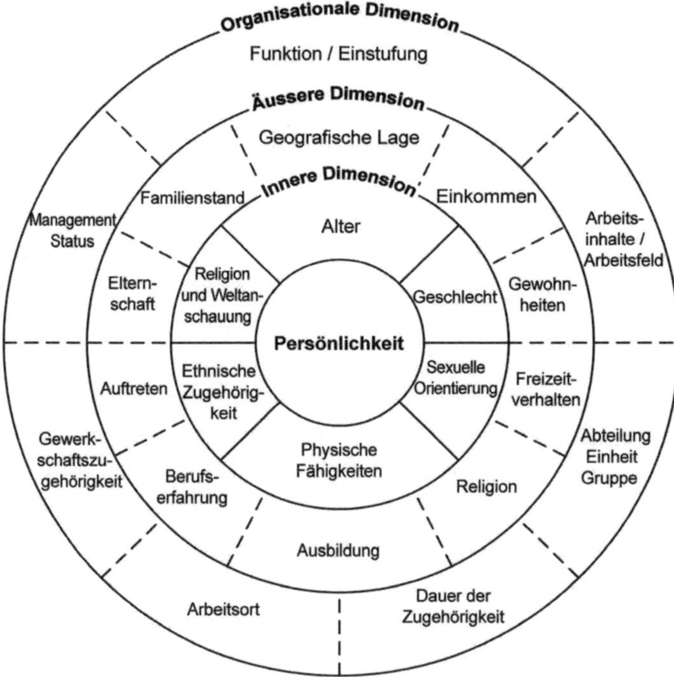

4 Layers of Diversity in Anlehnung an Gardenswartz und Rowe (1998)

1.2.1 Unterscheidungsmerkmale für Identitätsgruppen

Werden Individuen nach einem Unterscheidungsmerkmal zu einer Gruppe zusammengefasst, so entwickeln sie eine eigene spezifische Identität. Wir nennen sie Identitätsgruppen (z. B. Ärzte, Führungskräfte, an einem Standort Tätige, 50-Jährige). Wenn wir unter Kultur eine Landkarte von Werten, Glauben, Annahmen und Normen verstehen, die von einer Gruppe von Personen geteilt werden, dann haben auch Identitätsgruppen eine Kultur. Diese eigene Kultur übt einen starken Einfluss auf das Miteinander in einer Gruppe aus. Einerseits bietet sie eine Art Richtlinie für das gemeinsame Zusammenarbeiten, eine Art Drehbuch für Verhalten und andererseits gibt sie Orientierung.

Die Identitätsgruppen haben im Kontext von Diversity-Teamentwicklung eine besondere Bedeutung, da sie dynamische Prozesse in der Gruppe auslösen und beeinflussen können. Es entsteht eine generelle Übereinstimmung darüber, was wichtig ist und wie die Dinge erledigt werden müssen. Sie entwickeln ihre eigenen Vorstellungen z. B. in Bezug auf Kommunikation, den Umgang mit Zeit oder Hierarchien. Durch eigene Normen und Standards lösen sie Probleme, fällen Entscheidungen, gestalten den Umgang mit Konflikten und ihre Zusammenarbeit.

Innerhalb eines Teams können mehrere Identitätsgruppen bestehen, so z. B. unterschiedliche Nationalitäten oder weibliche und männliche Führungskräfte. Wenn eine Identitätsgruppe die Mehrzahl der Teammitglieder stellt, besteht die Gefahr, dass sie die anderen dominiert. Ein anderes Problem könnte sein, dass eine bestimmte Gruppe innerhalb des Teams von den anderen abgewertet wird. Damit beides nicht geschieht, ist es sinnvoll, mit der Vielfalt in einer Gruppe bewusst umzugehen und die Unterschiede zu reflektieren – so wie wir es in unserem Modell beschreiben. Nur dann kann das in der Vielfalt liegende Potenzial genutzt werden.

Angelehnt an die Systemtheorie (siehe z. B. Humberto Maturana, Ernst von Glasersfeld) gehen wir davon aus, dass sich die Organisation zu ihrem Überleben in einer sich ständig wandelnden Umwelt kontinuierlich anpasst. Die dazu nötigen Ressourcen und Kompetenzen bezieht sie weitestgehend aus sich selbst. Die Organisation nutzt dazu ihr Erfahrungswissen, die strategischen Überlegungen ihres Managements und das kreative Potenzial ihrer Menschen.

Die Chancen, neue Lösungen für komplexe Probleme zu finden, steigen mit der Vielfalt der zur Verfügung stehenden Menschen und mit einer geeigneten Art und Weise, das Miteinanderarbeiten zu ermöglichen.

Das beginnt mit einer in der Unternehmenskultur verankerten Haltung, die Unterschiedlichkeiten als Potenzial und nicht als Störung zu begreifen. Erst dann kann sich das Potenzial einer Organisation voll entfalten – erst dann wird es bewusst gemanagt.

Exkurs: Unternehmenskultur und Integration

In unseren Beratungskontexten spielt die Identitätsgruppe der Unternehmenskultur häufig eine wichtige Rolle. Ein Unternehmen entwickelt im Verlauf seiner Existenz eine eigene spezifische Kultur, die es von anderen Unternehmen deutlich unterscheidet.

Einen Meilenstein der Diskussion des Begriffes „Kultur in Unternehmen" setzte 1980 sicherlich Geert Hofstede mit seiner Analyse von weltweit über 50 Niederlassungen der Firma IBM. Er abstrahierte aus seinen systematischen Befragungen ein empirisches Modell, in das sich nach seiner Meinung auch Unternehmenskulturen weltweit einordnen lassen. Hofstede konstatierte darin, dass Mitglieder einer Landeskultur sich im Rahmen ihrer Organisation in einer typischen Weise verhalten, die sich von der Art und Weise anderer Landeskulturen signifikant unterscheidet.

Sein Modell umfasst schließlich fünf Wertedimensionen, nach denen das nationaltypische Verhalten verschiedener Niederlassungen kategorisiert werden kann.

1. Machtdistanz:

Anerkennung unterschiedlicher Hierarchien und ungleicher Machtverteilung

2. Individualismus/Kollektivismus:

Ordnung in schwachen oder starken sozialen Rahmen

3. Maskulinität/Femininität:

Rolle der maskulinen respektive femininen Werte

4. Unsicherheitsvermeidung:

Gefühl der Bedrohung durch ungewisse oder mehrdeutige Situationen

5. Grad der langfristigen Orientierung:

Werte der Langzeitorientierung und Beständigkeit

Seine und später die Sichtweise anderer, wie z. B. Trompenaars, führen zu der Annahme, dass Kultur stabil ist. Damit scheint ein besonders tiefes Verstehen der anderen Kultur der beste Weg zu sein, zu einer effektiven Zusammenarbeit zu kommen.

Edgar Schein beschreibt 1992 im gleichen Sinne die Bedeutung der strukturellen Stabilität einer Gruppe, die erst das Entstehen einer Kultur erlaubt. Wichtig ist ihm, dass Stabilität aus einer gemeinsamen Historie entspringt.

Er abstrahiert drei Schichten der Kultur:

1. Artefakte und Gegenstände
2. Normen und Werte
3. Grundannahmen

Diese drei Schichten überlagern sich in jeder Art von Kommunikation zwischen Gruppen. Erst neuere Autoren betrachten Kultur als ein dynamisches soziales Konstrukt. Hogen zum Beispiel beschreibt einen dynamischen Prozess der Wechselwirkung von Kulturen, dessen Ergebnis im besten Fall eine neue dritte Kultur darstellt, die die Ausgangskulturen integriert – also enthält und auch erhält. Er sagt, dass eine dritte Kultur entsteht, indem die Teilnehmenden im Prozess der interkulturellen Kommunikation gemeinsam ihre kulturellen Unterschiede verhandeln.

Diese dynamische, prozesshafte Sicht auf Kulturen legen auch wir unseren Gedanken und Handlungen zugrunde. Wenn wir von Integration sprechen, gehen wir davon aus, dass die zu integrierenden Parteien mit ihren Besonderheiten und Unterschieden auch nach dem Prozess des Zusammenfügens noch weitgehend als Teil einer gemeinsamen dritten Kultur zu erkennen sind.

1.3 Diversity Management zur Hebung des „Business-Potenzials“

Diversity Management ist für uns die aktive und gestalterische Auseinandersetzung mit der Vielfalt von Unterschieden und Ähnlichkeiten und deren Wertschätzung als Potenzial für eine Organisation.

Diversity Management ist für uns die Entwicklung und Förderung einer gemeinsamen Identität und Kultur der Organisation.

Diversity Management ist für uns die Verankerung des Prinzips der Vielfaltspotenziale in allen Unternehmensprozessen.

Diversity Management nutzt die Unterschiedlichkeiten der Individuen und Identitätsgruppen gezielt als strategische Ressource zur Lösung komplexer Probleme.

Oft wird von Diversity und Inclusion gesprochen, das entspricht unserem Verständnis von Diversity Management. Wenn wir im Folgenden also von Diversity Management sprechen, meinen wir immer Diversity und Inclusion.

Den Ausgangspunkt zum aktiven Management von Diversity bilden im Idealfall die Vision und Mission und die daraus abgeleitete strategische Ausrichtung des Unternehmens. Im Zuge der Strategieentwicklung stellt sich immer wieder die Frage, mit welchen Kompetenzen das Unternehmen die gesetzten strategischen und operativen Ziele erreichen will. Welche Kernkompetenzen sind vor allem erforderlich? Welche davon gibt es schon im Unternehmen? Welche weiteren sind neu zu erwerben? Welche der existierenden Kompetenzen sind weiterzuentwickeln bzw. aktiv zu managen? Wie gelingt die Verzahnung von strategischem Denken und operativem Handeln? Spätestens hier tritt nun die Vielfalt von Unterschieden und Ähnlichkeiten eines Unternehmens in den Blick. Diese Vielfalt von Unterschieden und Ähnlichkeiten eines Unternehmens gilt es, zu entwickeln und als Potenzial aktiv zu managen.

Das setzt voraus, dass Vielfalt als strategisches Potenzial im Bewusstsein der Unternehmensleitung, der Führungskräfte und Mitarbeitenden verankert ist. Es gehört unseres Erachtens zu einer erfolgreichen Unternehmensstrategie, die Orgnisation auf dieses Thema zu sensibilisieren und eine Kultur zu schaffen, in der die demografischen Unterschiede und die Unterschiede im Denken sich zeigen und zum Wohle der beteiligten Personen und der Organisation genutzt werden.

Diese Kultur der Inklusion beschreibt Deloitte anhand folgender Faktoren:

- Fairness und Respekt: Menschen fühlen sich integriert und als Teil des Systems, wenn sie gleichwertig, fair und mit Respekt behandelt werden, das bedeutet, dass jegliche – auch unbewusste – Diskriminierung vermieden wird.
- Gefühl von Wertschätzung und Zugehörigkeit: Inklusion wird erlebt, wenn Menschen das Gefühl haben, dass ihr einzigartiges und authentisches Selbst von anderen wahrgenommen und wertgeschätzt wird und sie gleichzeitig ein Gefühl der Verbindung und Zugehörigkeit zur Gruppe haben.

- Sicherheit sich offen zu äußern (safe and open): auch ganz andere Ideen, Bedürfnisse oder Wahrnehmungen werden geäußert ohne ein Gefühl von Peinlichkeit und ohne Angst vor Abwertung oder Rache.
- Empowerment und persönliches Wachstum: Menschen fühlen sich ermächtigt/empowered über sich hinaus zu wachsen und ihr Bestes zu geben.

Quelle: "The diversity and inclusion revolution: Eight powerful truths" Deloitte Review, Issue 22, Jan. 2018

Diversity-Teamentwicklung bildet das Bindeglied zwischen der bewussten Entwicklung von Haltungen und dem Management von strategischen Kompetenzen.

Diversity-Teamentwicklung ist demnach die Kunst, die Vielfalt als Potenzial sichtbar zu machen und zu heben – bei den Mitarbeitenden, im Team und in der Organisation.

Idealerweise liegt die Entwicklung erfolgreicher Teams in der Verantwortung der Führungskräfte – als ihr Beitrag zur erfolgreichen Umsetzung der Unternehmensstrategie.

Wir sprechen hier einmal mehr über eine besondere Herausforderung für viele Führungskräfte. Für sie geht es insbesondere darum, das eigene Bewusstsein für Unterschiede zu schärfen und die Voraussetzung dafür zu schaffen, dass die vorhandenen Unterschiede als Potenzial freigesetzt werden können. Die Führungsperson arbeitet also einerseits an der eigenen Haltung zur Vielfalt, andererseits an der Entwicklung einer entsprechenden Teamkultur. Setzt das Management von Vielfalt doch voraus, dass Unterschiede und Ähnlichkeiten innerhalb des Teams bewusst sind und die Akzeptanz des anderen – des oft beängstigend Fremden – vorhanden ist. Dies erfordert die Bereitschaft bei allen Beteiligten zur Auseinandersetzung mit sich selbst und untereinander. Und es braucht die Fähigkeit bei Führungskräften wie Mitarbeitenden im Team, sich darauf einlassen zu können. Führungskräften, denen es gelingt, für eine entsprechende Kultur in ihren Teams und in ihrer Organisation zu sorgen, werden auch als „Inclusive Leaders“ bezeichnet. Das Konzept geht auf Amy Edmondson zurück (Extreme Teaming, 2017). Laut ihren Forschungen ist der entscheidende Faktor für erfolgreiche Teamarbeit, dass es den

Führungskräften gelingt, ein Gefühl der psychologischen Sicherheit (psychological safety) zu schaffen. Teams arbeiten laut Amy Edmondson besser zusammen, lernen besser, sind kreativer und sprechen Fehler eher an, wenn sie sich psychologisch sicher fühlen – also wenn sie glauben, sich äußern zu können, ohne Blamage oder Repression fürchten zu müssen. Das gilt noch einmal mehr in Diversity-Teams, in denen Unterschiede sonst zu einem geringeren Sicherheitsgefühl und daher schlechterer Interaktion führen könnten.

Je mehr Unterschiede zutage treten, desto mehr bedeutet dies für ein Team Neuerungen und Veränderungen, die Unsicherheit und Angst auslösen können. Es gehört deshalb auch zum Diversity Management, gemeinsam mit dem Team herauszufinden, was das Team verbindet, was die Werte und Grundüberzeugungen sind, die das Team zusammenhalten. Diese Faktoren werden dann zur stabilen Achse für das Team. Sie bilden eine solide Basis dafür, fortlaufend über die gemeinsame Entwicklung reflektieren zu können. Reflexion ist unseres Erachtens hier die treibende Kraft. Das ständige „Sich-selbst-Beobachten", macht letztendlich die Vielfalt konstruktiv nutzbar. Die selbstbewusste Führungskraft wird dieses Reflektieren in einer Art moderieren, die eine vertrauensvolle, empathische Auseinandersetzung im Dialog mit den Unterschieden ermöglicht. Es entstehen Wechselwirkungen und schließlich Resonanzen. Dazu wird sie bei Bedarf auch externe Hilfe in Form von erfahrenen Moderierenden hinzuziehen.

Die aktuelle Situation von Diversity Management

a. Trends und Einflussfaktoren

Obwohl internationaler Handel schon seit Jahrhunderten existiert, beobachten wir in den letzten Jahrzehnten globale wirtschaftliche Aktivitäten in noch nie da gewesenem Ausmaß. Globalisierungstendenzen, wie weltweite Produktion, Distribution und internationale Unternehmensallianzen bewirken, dass Firmen in vielfältigen Märkten mit einer heterogenen Kundenstruktur tätig sind.

Für global agierende Unternehmen heißt dies, sich auf den unterschiedlichen Märkten mit verschiedenen Kulturen zu behaupten. Die Menschen in den Unternehmen mit ihrem Know-how, ihrer Kompetenz und Kreativität sind gefordert, mit interessanten Produkten und Dienstleistungen die Märkte zu gewinnen.

Viele europäische Staaten sind und bleiben Einwanderungsländer mit einer ausgeprägten pluralistischen Gesellschaft. Vor dem Hintergrund des Mangels an qualifizierten Arbeitskräften in vielen Branchen ist diese Entwicklung vor allem für jene Unternehmen eine Chance, die über ein Diversity-Management verfügen. Diversity Management hilft, Unterschiede zu legitimieren, Menschen erfolgreich zu integrieren und voneinander zu lernen.

Neben der zunehmenden Zahl von Menschen aus anderen Ländern wird Europa in den nächsten Jahren auch durch die demografische Entwicklung verändert. Nach wie vor wird erwartet, dass der Altersdurchschnitt in den meisten mitteleuropäischen Ländern sich stark nach oben bewegt. So erhöhte sich zwischen 1960 und 2015 in Europa der Anteil der Personen, die 65 Jahre oder älter sind, von 8,8 auf 17,6 Prozent. 2050 wird sogar mehr als jeder Vierte 65 Jahre oder älter sein (27,8 Prozent). (United Nations – Department of Economic and Social Affairs, Population Division (2017).

In Deutschland z. B. liegt heute das Durchschnittsalter der Erwerbstätigen bei 43. Kommt ein junger Mensch von 16 Jahren in ein Unternehmen, dann warten auf ihn zwei 60-jährige. In der Schweiz beträgt das Durchschnittsalter rund 41 Jahre, wobei die Führungspersonen im Schnitt rund 51 Jahre alt sind (siehe Diversity Index vom Institut für Finanzdienstleistungen Zug IFZ der Hochschule Luzern). Je höher die berufliche Stellung, desto älter sind die Mitarbeitenden. Mitarbeitende ohne Führungsfunktionen sind im Durchschnitt knapp 39 Jahre alt.

Die Unternehmen sind herausgefordert, sich mit den Auswirkungen des demografischen Wandels zu befassen. Der Anteil der älteren Menschen in den Unternehmen wird sich erhöhen. Es wird einerseits darum gehen, Wege zu finden die älteren Mitarbeitenden und deren Erfahrungsschatz in den Unternehmen zu halten und andererseits dafür zu sorgen, die verschiedenen Lebenswirklichkeiten der jungen und der älteren Generation so in Einklang zu bringen, dass sie sich für das Unternehmen vorteilhaft auswirken.

Immer häufiger kommt es z. B. vor, dass jüngere Führungskräfte älteren Mitarbeitenden vorgesetzt sind. Das archaische, in Kindheit und Jugend erlebte Muster „Ältere führen Jüngere“ wird dabei scheinbar auf den Kopf gestellt. Laut der Online-Befragung "Randstad Arbeitsbarometer Q2/2018", die vierteljährlich in 33 Ländern durchgeführt wird, bietet die Konstellation "junge Führungsperson - ältere Mitarbeitende" immer noch reichlich Konfliktpotenzial:

So bevorzugen zwei von drei Arbeitnehmenden (66 Prozent) eine Führungskraft, die älter ist als sie selbst. Auch wenn die Junior-Führungskraft Kompetenz hat, stören sich 20 Prozent der Befragten am Alter, sind misstrauisch und wenig kooperativ.

Das so genannte „Generationen Leadership“ ist jedoch wichtig, um die Überlebensfähigkeit der Unternehmen zu sichern. Zahlreiche Austauschrunden mit Führungskräften verschiedenen Alters bestätigen: Erfolgreich sind die jüngeren Führungskräfte, die sich wertschätzend für die Erfahrungen der älteren Mitarbeitenden interessieren und die Kernkompetenzen wie Achtsamkeit, Kommunikationsfähigkeit, Commitment und die Fähigkeit, mit Unsicherheit umzugehen besitzen – also genau die Fähigkeiten, die auch für das interkulturelle Diversity Management erforderlich sind. (Quelle: „Führen von und in verschiedenen Generationen von Cornelia Velasco in „Führung im Zeitalter von Veränderung und Diversity“, Cornelia von Au (Hrsg), Springer Fachmedien Wiesbaden 2017)

Letztendlich wird das Thema Generationen-Leadership für die Innovations- und Überlebensfähigkeit von Unternehmen strategisch immer wichtiger. Fehlt diese Kompetenz, können junge Führungskräfte Unternehmen ernsthaft schaden, urteilt Cornelia von Velasco.

Viele Unternehmen sind mittlerweile im Ausland vertreten – neben Niederlassungen und Produktionsanlagen zunehmend auch mit Forschungs- und Entwicklungsabteilungen. Eine besondere Herausforderung liegt auch hier in der Rekrutierung geeigneter Mitarbeitender. Nach einer Human Capital Trends Umfrage von Deloitte 2019 geben 45% Prozent der befragten Arbeitgebenden weltweit an, dass sie Probleme bei der Besetzung offener Stellen haben, der größte Prozentsatz seit 2006. Bei Unternehmen mit mehr als 250 Mitarbeitenden steigt der Anteil derjenigen, die mit der Suche nach qualifizierten Talenten zu kämpfen haben, auf 67 Prozent. Eine Lösung scheint in der Beschäftigung sogenannter alternativer Arbeitskräfte zu liegen. Darunter ist zu verstehen, dass Arbeiten und die Durchführung von Projekten von ausgelagerten Teams ausgeführt werden. Es handelt sich oft um Mitarbeitende, die die Stammbelegschaft erweitern und typischerweise nach Zeiteinheiten bezahlt werden. Der Umgang mit Inklusion und Vielfalt sind beim Aufbau von Systemen mit alternativen Arbeitskräften von Bedeutung.

Im Umgang mit den dargestellten Entwicklungen sind neue Wege zu beobachten: So werden z. B. erfahrene Mitarbeitende aus dem Ruhestand reaktiviert, andere Nationalitäten und andere Berufe mit ähnlicher Kompetenz eingestellt, Menschen mit ergänzenden Kompetenzen befristet eingestellt. Darüber hinaus wächst der Anteil an virtuellen und netzwerkartigen Kooperationen. Die interdisziplinäre und interkulturelle Zusammenarbeit nimmt in vielen Gebieten zu. Das gilt im globalen Wettbewerb der Wirtschaftsunternehmen, zum Beispiel die internationale

Produktentwicklung via Internet und Videokonferenz, genauso wie in Organisationen der sozialen Bereiche.

All diese Einflussgrößen tragen heute zum Erfolg und Misserfolg von Unternehmen bei. Somit ist es unabdingbar, die zunehmende Heterogenität und Vielfalt der Teams zu managen.

b. Verbreitung von Diversity Management

Eine Erhebung im Rahmen des jährlichen IW-Personalpanels von 2013 gibt Hinweise u.a. auf die Verbreitung von Diversity-Maßnahmen im Industriesektor (Metall- und Elektroindustrie, Verarbeitendes Gewerbe inklusive Bau) und im Dienstleistungs-Sektor. Der Vergleich zeigt, dass entsprechende Maßnahmen tendenziell stärker im Dienstleistungssektor als im Industriesektor verbreitet sind (Hammermann / Schmidt).

Eine Befragung der International Labour Organization bestätigt, dass in den 70 untersuchten Ländern eine Mehrheit von 73% der Unternehmen eine Gleichstellungs- oder Diversity und Inclusion Politik haben. Die Wahrscheinlichkeit dafür steigt bei großen Organisationen (ILO, 2019).

Aktuelle Hinweise darüber, wie es um die Verbreitung von Diversity Management in Deutschland steht, liefert eine Studie von Ernst & Young (Studie 2018 „Diversity in Deutschland"), welche der Verein „Charta der Vielfalt" anlässlich seines 10-jährigen Bestehens in Auftrag gegeben hat. Mittlerweile haben danach mehr als 2400 Unternehmen und Institutionen die Selbstverpflichtung der Charta unterzeichnet und bekennen sich damit dazu, Diversity Management gezielt zu fördern. Befragt wurde ein Querschnitt der deutschen Unternehmen, die Unterzeichner der Charta der Vielfalt und Vorstände der Mitgliedsunternehmen. Danach ergibt sich folgendes Bild: Trotz dieses Zuspruchs steht Diversity Management in Deutschland nach wie vor am Anfang. Zwei Drittel der Unternehmen haben noch keine Maßnahmen im Diversity Management umgesetzt und nur 19% der Befragten planen Maßnahmen für die Zukunft.

Dabei ist interessant, welche Ziele die Unternehmen mit ihren Maßnahmen für Diversity Management verfolgen. Oberste Priorität hat dabei die Flexibilität. So fokussieren drei der fünf wichtigsten bisher bei allen Befragten umgesetzten Maßnahmen auf die Flexibilisierung der Arbeitssituation und auf die Vereinbarkeit von Familie und Beruf. Personalentwicklung und Auswahl von Bewerbenden bilden einen weiteren Schwerpunkt.

Nur 16 % aller Befragten sehen in der Verankerung von Diversity Management in der Unternehmensstrategie eine sinnvolle Maßnahme. Bei den Unterzeichnern der Charta der Vielfalt liegt die Verankerung von Diversity Management in der Unternehmensstrategie hingegen bereits bei 51 %.

Dabei scheint es doch ein hohes Bewusstsein für Diversity Management zu geben, denn 65 % aller Befragten sind überzeugt, dass Diversity Management der eigenen Organisation konkrete Vorteile bringt. (Ernst & Young -Studie 2018 „Diversity in Deutschland")

Die Schlussfolgerung aus dieser Befragung von Ernst & Young ist, dass das Bewusstsein bezüglich der Bedeutung von Diversity Management in den deutschen Unternehmen angekommen ist, aber die Umsetzung nur zögerlich vorankommt.

c. Nutzen von Diversity Management

In der Studie „Global Human Capital Trends" von Deloitte 2017 benannten zwei Drittel der 10.000 befragten Führungskräfte „Diversity und Inclusion" (was unserem Begriff von Diversity Management entspricht) als wichtig oder sehr wichtig für ihr Business. Die Herausforderung und die Chance liegt in der „Inclusion", d. h. darin, eine Kultur zu schaffen, in der die demografischen Unterschiede und die Unterschiede im Denken zum Wohle der beteiligten Personen und der Organisation genutzt werden. Dadurch kann dieser Studie zufolge die Innovationsrate um 20 % und Risiken um 30 % reduziert werden, die Entscheidungsqualität verbessert sich um 20% und auch die Umsetzung von Entscheidungen wird verbessert durch ein mehr an Vertrauen und Commitment. Organisationen mit einer „Inklusions-Kultur" haben eine acht Mal höhere Wahrscheinlichkeit bessere Geschäftsergebnisse zu erzielen wie andere Unternehmen. (Bourke: Deloitte Review, 2018),

Nach dem Mc Kinsey Report „Delivering Through Diversity" 2018, der auf den Erkenntnissen der Studie (Why Diversity Matters) von 2015 aufbaut, akzeptieren Unternehmensführer zunehmend den unternehmerischen Auftrag für Diversity und Inclusion. Die Studie zeigt auf, dass Unternehmen, die sich durch einen hohen Grad an Diversity auszeichnen, eine größere Wahrscheinlichkeit haben, profitabler zu sein. Die Studie belegt eine Korrelation zwischen Diversität und Geschäftserfolg weltweit in allen untersuchten Ländern. Bei Unternehmen mit besonders ausgeprägter ethnischer Vielfalt steigt danach die Wahrscheinlichkeit überdurchschnittlich profitabel zu sein um 33%.

Unternehmen, die bei der Bewertung des Frauenanteils in den Führungsetagen gut abschneiden, haben eine 21% größere Wahrscheinlichkeit, überdurchschnittlich erfolgreich zu sein. Bei deutschen Unternehmen, mit einem hohen Frauenanteil in den Führungsetagen verdoppelt sich diese Wahrscheinlichkeit (Mc Kinsey, 2017). Dies bestätigt auch eine Studie der International Labour Organization. Danach steigt bei Unternehmen mit einer aktiven Gender Diversity Politik die Wahrscheinlichkeit verbesserter Geschäftsergebnisse um 31%.

57% der Befragten weltweit gaben an, dass ihre Maßnahmen zur Gender-Gleichstellung zu besseren Business-Ergebnissen geführt haben. Die entsprechende Zahl von Befragten in Europa und Zentralasien lag bei 41,6 % . Die stärkste Wirkung war in mittelgroßen Unternehmen spürbar (64%). (ILO, 2019) In der Schweiz wird der Gender Aspekt bei den Diversity-Praktiken am aktivsten unterstützt. (Diversity Index 2018)

30% der befragten Unternehmen ging von einem um 10-15% gestiegenen Ergebnis durch Gender und Gleichstellungsinitiativen aus, 18% der Befragten sogar von 15-20% mehr Profit. (ILO , 2019).

Die Unternehmen, deren Geschäftsergebnisse gestiegen sind, erklärten dies wie folgt:

60,2 % mit besserer Produktivität und Profitabilität

56,8% mit gestiegener Fähigkeit Mitarbeitende zu gewinnen und zu halten

54,4 % größerer Kreativität, Offenheit und Innovationen

54,1 % verbesserter Ruf des Unternehmens

36, 5% bessere Beantwortung von Kundenbedürfnissen und -forderungen

(ILO 2019, Seite 23)

Die Studien machen deutlich, dass der Business Case für Vielfalt nach wie vor überzeugend ist und sich in der Praxis bewährt hat.

Einen Zusammenhang zwischen dem wirtschaftlichen Erfolg einer Region und Diversity beschreibt der amerikanische Wirtschaftswissenschaftler Richard Florida bereits 2002 (Florida, 2002). Er geht der Hypothese nach, dass drei T‘s die Treiber für wirtschaftlichen Erfolg einer Stadt, bzw. einer Region sind: Technologie, Talent und Toleranz. In seiner Creative Capital Theorie belegt er in tiefgreifenden statistischen Untersuchungen über die gesamte USA, dass regionales ökonomisches Wachstum getrieben wird von kreativen Menschen, die – so Floridas Aussage – angezogen werden von Städten und Regionen, die wiederum vielfältig, tolerant und offen für neue Ideen sind. Diversity steigert also signifikant die Chance, dass eine Region die unterschiedlichsten kreativen Typen mit den verschiedensten

Fähigkeiten und unterschiedlichsten neuen Ideen anzieht. Durch das Zusammenführen von unterschiedlichsten kreativen Köpfen in einem Klima der Toleranz und Wertschätzung steigt die Wahrscheinlichkeit für die Erzeugung neuer Ideen und damit Innovationen und Wirtschaftswachstum.

Es gibt aber auch Schwierigkeiten und Hemmnisse bei der Einführung von Diversity Management. Die Hauptgründe liegen laut Roland Berger im Bereich der Firmenkultur, des Führungsverhaltens und der HR-Richtlinien und Prozesse. Den Führungskräften mangelt es oft noch am Bewusstsein für Diversity und sie neigen bei der Einstellung von Mitarbeitenden zum sogenannten Self-Cloning. (Berger 2011)

In der Deloitte Studie «Global Human Capital Trends» von 2017 bewerteten 80 Prozent der Befragten Führung als eine wichtige Priorität für ihre Unternehmen, aber nur 41 Prozent stufen ihre Organisationen als bereit oder sehr bereit ein, ihre Führungsanforderungen zu erfüllen. Die befragten Organisationen geben an, dass sie sich bemühen, zukunftsfähige Führungskräfte zu finden und zu entwickeln.

Die Schwerpunkte dieser Entwicklungsprogramme sehen die Befragten darin, die Anforderungen der sich schnell entwickelnden, technologiegetriebenen Geschäftsumgebungsfunktionen zu bewältigen. Besonders hervorgehoben werden dabei Themen wie, durch Mehrdeutigkeit führen, zunehmende Komplexität bewältigen, technologisch versiert sein, sich verändernde Kunden- und Talentdemografien bewältigen und mit nationalen und kulturellen Unterschieden umgehen.

Nach der Studie Charta der Vielfalt 2018 haben 42% der Befragten Diversity-Verantwortlichen das Gefühl, dass sich trotz hoher Anstrengungen nicht wirklich etwas ändert. Was ist also notwendig, um Diversity Management nachhaltig erfolgreich umzusetzen? Im Hinblick darauf werden in der Unterstützung durch das Top-Management (74%), in Führungskräftetrainings (73%) und Leuchtturmprojekten wichtige Lösungsansätze gesehen. Als Treiber des Diversity-Managements wird ausschließlich das Top-Management gesehen und erlebt.

Die ILO-Studie benennt die folgenden Maßnahmen als am erfolgreichsten: Recruiting, Mitarbeiterbindung und Beförderungspolitik wurden von 71% der Organisationen als nutzbringend bewertet, gefolgt von Trainings (27,5%), Flexibilisierung der Arbeitszeit (25,6%) und Mentoring (24,5%) (ILO, 2019)

Nach der Studie der Charta der Vielfalt (2018) gehören betriebswirtschaftliche Faktoren wie Kosteneffizienz und Zugang zu Teilmärkten nicht zu den wichtigsten Vorteilen. Diversity Management heißt für viele deutsche Unternehmen vor allem

Zukunftsvorsorge und Zukunftssicherung. Einigkeit gibt es darin, dass Diversity Management hilft, die Offenheit und Lernfähigkeit der Organisation sicher zu stellen.

Eine hohe Erwartung liegt in einer besseren Nutzung der Potentiale der Mitarbeitenden aber auch darauf, als attraktiver Arbeitgeber wahrgenommen zu werden (Charta der Vielfalt). Gemäss dem Diversity Index der Hochschule Luzern bezieht sich in Schweizer Unternehmen laut der letzten Umfrage (2018) der Nutzen eines nachhaltigen Diversity Managements auf verschiedene Aspekte, die klar über die Personalpolitik hinausgehen. An erster Stelle steht die Verbesserung des öffentlichen Images, gefolgt von der Erhöhung der Wettbewerbsfähigkeit des Unternehmens. An dritter Stelle steht die Verbesserung der Zufriedenheit der Mitarbeitenden.

Auch in der Bindung von Mitarbeitenden liegt ein weiterer wichtiger Nutzen von Vielfalt für die Unternehmen. So ist für 68 % der Arbeitnehmenden Diversity ausschlaggebend für ihre Verweildauer im Unternehmen. Noch entscheidender ist der Faktor bei der Suche nach einem neuen Job: Hier geben sogar 73 % der Befragten an, dass Vielfalt im Unternehmen für sie eine wichtige Rolle spielt. (Page-Group, Diversity-Studie 2017)

1.4 Diversity Management ist Kulturveränderung

Die Professoren Frank Dobbin und Alexandra Kalev haben herausgearbeitet, dass Diversity Programme und verpflichtende Schulungen die Situation bezüglich Vielfalt in Unternehmen wenig verbessern und weder mehr Frauen noch farbige Personen eingestellt oder befördert werden (Harvard Business Manager, Dezember 2016). Eine Erklärung dafür geben die Sozialwissenschaften, die herausgefunden haben, dass Menschen sich gern gegen Regeln, die ihre Autonomie beschneiden, auflehnen.

Oft gehen Diversity Programme mit Pflichtschulungen einher, in denen noch dazu in drei Viertel der Unternehmen vor allem negative Botschaften vermittelt werden. Die beiden Professoren/-innen sind überzeugt, dass man Menschen nicht überzeugen kann, indem man sie mit Regeln und Umerziehung demütigt. Oft löst das sogar eher das Gegenteil aus. Vorurteile lassen sich nicht belehren.

Wesentlich effektiver sei es, Führungskräfte in die Lösung des Problems miteinzubeziehen, ihren Kontakt mit Frauen und Angehörigen von Minderheiten im Job zu intensivieren oder an ihre soziale Verantwortung zu appellieren – schliesslich wolle niemand als ungerecht verschrien sein. Positive Botschaften wie «Helfen Sie mit, das Potential unserer Teams auszuschöpfen» können motivieren.

Dobbin und Kalev stellen fest, dass Massnahmen wie College-Rekrutierungen, Mentoring-Programme, selbstverwaltete Teams und Arbeitsgruppen die Vielfalt in Unternehmen fördern. Den größten Effekt zeigten dabei heterogen zusammengesetzte Arbeitsgruppen und Teams, in denen Führungskräfte neue Erfahrungen machen können. Wenn die eigenen Ansichten und das Verhalten nicht übereinstimmen, entsteht die so genannte kognitive Dissonanz. Experimente zeigen, dass Menschen dann dazu neigen, ihre Ansichten oder ihr Verhalten zu ändern. Wenn Führungskräfte aufgefordert sind, über längere Zeit ein neues Verhalten zu zeigen, dann erhöht sich die Wahrscheinlichkeit, dass sie auch ihre Ansichten entsprechend anpassen.

Technologische und gesellschaftliche Trends (siehe Paradigma 4) werden das soziale Miteinander und somit auch die Arbeitswelt neu ordnen. Es wird oft von der Unternehmenskultur 4.0 gesprochen, einer Kultur, die unter anderem offen ist gegenüber allen Mitarbeitenden eines Unternehmens, gegenüber ihren unterschiedlichsten Lebensstilen, gegenüber eigenständigen, flexiblen Arbeitsprozessen und -strukturen und eine hohe Kooperationsbereitschaft mit anderen Organisationen im Geschäftsfeld des Unternehmens zeigt. Und die Einführung einer Diversity-Unternehmenskultur heisst die Unternehmenskultur zu verändern, alte Denkmuster zu erkennen und ein neues Denken zu entfalten.

Zahlreiche Analysen (Cox 2001; Kirton/Greene 2000; Knoth 2006; Özbligin 2007) zeigen, dass zunächst auf der Ebene von Regeln im Alltagshandeln – wie z. B. Arbeitsabläufe, Angebote, Verbote und Gebote, strukturelle Veränderungen, Einstellungsverfahren usw. (Oberflächenstruktur) – verändert wird und dass dies nicht bedeutet, dass sich die latenten Bereiche der Diskriminierung in der Tiefenstruktur einer Organisation verändern. Um eine Diversity-Haltung bewusst im Kontext des Unternehmens zu leben und ein neues Denken zu entfalten, müssen die Veränderungen tiefer greifen bis in Haltungen, Werte, Normen und Einstellungen (Tiefenstruktur) des Unternehmens hinein. (Siehe unser Kapitel 2.2.1 Haltung)

Nach Otto Scharmer, dem Begründer der Theorie U, (Scharmer 2009) genügt es oft nicht mehr, Veränderungsprozesse auf der Ebene von sofortigem Handeln, Strukturen und Prozessen zu gestalten (siehe Abbild). Auch ein wirklich gelebtes Diversity Management verlangt nach mehr. Um eine Kultur der Vielfalt zu leben, braucht es ein neues Denken und ein neues Selbst.

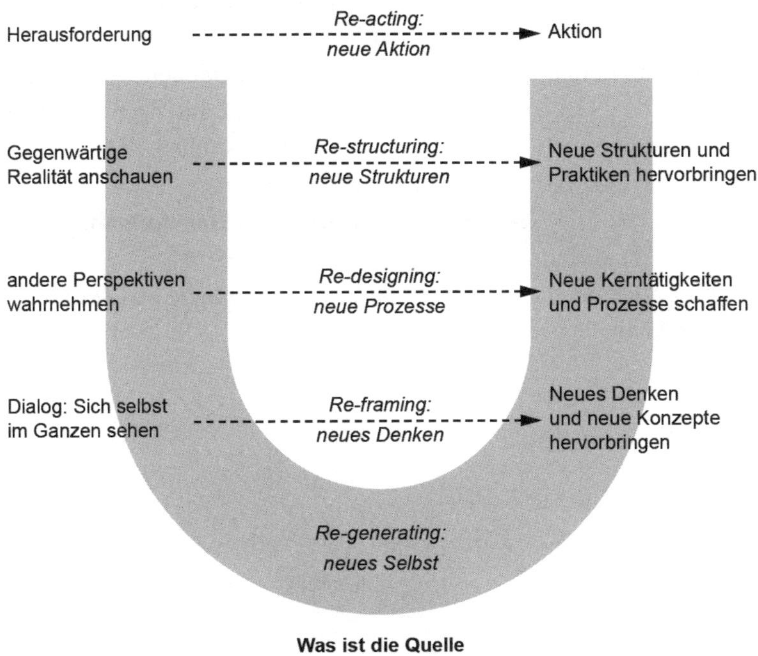

Oft gelingen die Veränderungsprozesse auch nicht auf den drei oberen Ebenen, weil die Mitarbeitenden einer Organisation nicht mitziehen. Sie fühlen sich nicht angesprochen, sind wenig begeistert oder motiviert. Die Veränderungen berühren sie nicht, da sie nichts mit ihnen als Person zu tun haben. Es fehlt den Veränderungsprozessen sowohl auf der Ebene des Individuums als auch auf der Ebene des Kollektivs Bewusstseinstiefe. Es ist daher notwendig, tiefere Schichten zu erschliessen, in die Tiefenstruktur des Unternehmens einzutauchen.

Damit ein neues Denken (siehe auch Diversity Kompetenzen) entstehen kann, geht es nach Otto Scharmer in Veränderungsprozessen darum, sich mit den positiven Grundkräften der Veränderung zu verbinden und aus dieser Verbindung neuartige soziale Felder und Gemeinschaftsstrukturen in die Welt zu bringen.

Um das Verhalten von Systemen sinnvoll zu verändern, gilt es die Qualität der Aufmerksamkeit zu verändern, die die Menschen ihrem Handeln innerhalb dieser Systeme widmen.

Das bedeutet, Menschen in einem Unternehmen gelingt es,

- von sich weg auf die anderen zu blicken, sich auch auf das Unternehmen und auf die Gesellschaft als Ganzes zu fokussieren,
- vorurteilslos und empathisch hinzuhören,
- sich mit dem inneren Ort, von dem aus sie handeln, zu verbinden. Dieser innere Ort fragt nach den Werten, dem Sinn, nach der Quelle der eigenen Energie und derjenigen des Unternehmens, nach der eigenen Aufgabe und derjenigen des ganzen Systems.
- mögliche Antworten mit ihrer Aufgabe und der Aufgabe des Unternehmens zu verbinden,
- sich auch einem grösseren Ganzen zuzuwenden, aus dem Neues entstehen kann.

2 Diversity-Teamentwicklung

2.1 Das Modell zur Diversity-Teamentwicklung

Eine Einführung

Versetzen Sie sich bitte in folgende Ausgangssituation: Nach einem Zusammenschluss zweier Unternehmen unterschiedlicher Nationalitäten und Kulturen (autoritär, anweisungsorientiert einerseits und partizipativ, leistungsorientiert andererseits) formiert sich ein neues gemeinsames Entwicklungsteam. Für die Leitung dieser Abteilung wird eine junge Frau eingestellt. Sie trifft auf ein Team von 15 Mitarbeitenden, darunter Frauen, aber eine Mehrzahl von Männern. Alle haben eine unterschiedlich lange Berufserfahrung und unterschiedliche Ausbildungshintergründe. Zwei Drittel kommen aus dem eher autoritär ausgerichteten Unternehmen, ein Drittel aus dem partizipativ ausgerichteten Unternehmen, wo sie jeweils seit längerer Zeit zusammengearbeitet haben. Nun ist es Aufgabe der Führungskraft, mit ihrem Team ein Produkt zu entwickeln, das dem demografischen Wandel des Marktes gerecht wird und dem Unternehmen einen Wettbewerbsvorteil für die nächsten Jahre sichert. Für die neue Abteilungsleiterin, die die heterogene Gruppe zu einem leistungsfähigen Team formen soll, ist dies keine leichte Aufgabe.

Teams sind heute nicht nur interkultureller sondern auch interdisziplinärer, größer und vielfältiger (siehe Kapitel 1.3.). Ein Grund liegt im steigenden äußeren und inneren Erwartungsdruck an die Leistungsfähigkeit eines Teams. Dies sind von außen u. a. die komplexen Aufgabenstellungen und Anforderungen des Unternehmens. Von innen sind dies u. a. eine wachsende Vielzahl von vernetzten Fähigkeiten und Kompetenzen sowie die unterschiedlichen Wertvorstellungen der Teammitglieder.

Hier liegt oftmals eine schwierige Situation für Führungskräfte und Teammitglieder, insbesondere dann, wenn sich weitere Veränderungen im Umfeld des Teams ergeben und auf das Team wirken. Im Kern geht es darum, in dieser komplexen Situation mit einem leistungsfähigen Team hervorragende Ergebnisse zu erreichen.

Auf dem Weg dorthin muss sich unsere neue Führungskraft mit einer Reihe von Fragen zur Auftragsklärung, zum Projektmanagement, zur Entwicklung ihres Teams (Ziele, Zusammenarbeit, Umgang miteinander, Organisation der Aufgaben usw.) auseinandersetzen.

Mit Diversity Management kann die Führungskraft das volle Potenzial des Teams entdecken, heben und nutzen. Mit Diversity-Teamentwicklung findet sie Antwort auf folgende Fragen:

- Welche Unterschiede bringen die Teammitglieder mit?
- Welche Ähnlichkeiten sind zu erkennen?
- Welches Bewusstsein für Unterschiede haben die Einzelnen? Verstehen sie diese als Störung oder Potenzial?
- Was verbindet das Team?
- Wie erreiche ich im Team eine hohe Identifikation mit den Zielen?
- Wie wirken sich Unterschiede und Ähnlichkeiten auf die Zusammenarbeit im Team und auf die Zielerreichung aus?
- Welche Unterschiede sind relevant für die Team-Performance?
- Wie ausgeprägt ist meine eigene Kompetenz im Umgang mit Vielfalt?

In unserem Diversity-Teamentwicklungsmodell beleuchten wir Aspekte, die in heterogenen Teams eine Rolle spielen und die ausschlaggebend dafür sind, ob sich die im Team vorhandene Vielfalt zielorientiert entfalten kann.

Systemisches Arbeiten ist die Grundlage dieses Modells. Es beschreibt einen Prozess, der ein (Um)Lernen sowohl auf der individuellen als auch auf der Team- und Unternehmensebene fördert und Vielfalt als innere Quelle der Kraft nutzbar macht. Nach unserer Erfahrung wird so ein Team die Unterschiede und Ähnlichkeiten in der Organisation nicht als Störungen bekämpfen, sondern vielmehr als Ressource erschließen und für den Teamerfolg nutzen.

Empirische Untersuchungen zeigen, dass es Teams gibt, die vor allem von den Vorteilen der (kulturellen) Diversität profitieren und andere, die in erster Linie unter deren Nachteilen leiden. Entscheidend dabei ist u. a., wie die Teams mit der Vielfalt umgehen und welche Haltung sie dazu haben.

Vielfalt generiert Nutzen und triumphiert über Fähigkeit – so eine These von Scott E. Page, Professor an der Universität Michigan. Vielfalt sei bei der Suche nach den besten Problemlösungen ein Faktor, der mindestens so wichtig sei wie individuelle Fähigkeiten. Für ihn sind unterschiedliche Anschauungen, Lesarten, Perspektiven, Lösungsansätze, Methoden, Interpretationen und Präferenzen bei der Lösung von klassischen Problemstellungen bedeutsam. Demnach sind diese Unterschiede produktiv, die Auseinandersetzung bzw. die Verständigung mit anderen, neuen Standpunkten und Sichtweisen sticht das akkumulierte Wissen, welches Kennzeichen von homogenen Teams ist, aus. Die Vielfalt müsste sich in „kognitiver Diversität“ zeigen, und die Probleme, die es zu lösen gilt, seien auf diese Diversitäten bezogen. Das bedeutet, es muss tatsächlich eine Diversität im Denken gegeben sein – die bloße Mischung ethnisch-kultureller Gruppen oder verschiedener sozialer Identitäten garantiert nicht, dass Problemstellungen auch verschiedener oder besser angegangen werden.

Woolley et al. konnten nachweisen, dass die Intelligenz einer Gruppe weniger von der Intelligenz der einzelnen Mitglieder abhing als von deren sozialer Sensibilität und wie sehr sie sich gegenseitig zuhörten und einbezogen. In ihrer Untersuchung wurde z. B. deutlich, dass die Intelligenz eines Teams mit der Anzahl der weiblichen Mitglieder stieg (Woolley et al., 2010).

Studien zur Diversität sozialer Identitäten sagen Unterschiedliches aus, nicht alle weisen eindeutig auf einen ausgeprägten positiven Effekt hin. Page nimmt an, dass es auch schwierig ist, solchen Effekten auf die Spur zu kommen. Der Erfolg von Gruppen, die sich aus unterschiedlichen sozialen und ethnischen Identitäten zusammensetzen, sei in der Tendenz allerdings schon erkennbar. Die elementare Voraussetzung für den Erfolg einer vielfältig zusammengesetzten Gemeinschaft sei, dass man das gleiche Ziel verfolge und dass man darüber kommuniziere, wie man dieses Ziel erreiche.

Peter Kruse plädiert in seinem Buch „next practice – Erfolgreiches Management von Instabilität – Veränderung durch Vernetzung“ für ein gezieltes Anstreben von Instabilität in Organisationen und Unternehmen. In Zeiten wachsender Komplexität, seien Phasen der Instabilität zunehmend überlebenswichtig für Innovation und Veränderung. Instabilität entsteht auch durch Diversity in Teams als von Störung des Altbewährten, wohlmöglich Überholtem. Kruse meint, es gelte vor allem eine Vertrauensbasis aufzubauen und den Vernetzungsprozess kompetent zu gestalten, um die übersummative Intelligenz von diversifizierten Netzwerken und Teams zuzulassen und nutzbar zu machen.

Unser Modell macht die Unterschiede und Ähnlichkeiten im Team an- und besprechbar und zeigt, wie sie in ihrer Vielfalt zu Synergien führen können. Wir gehen dabei – analog der Kybernetik 1. Ordnung – davon aus, dass jedes System bzw. jedes Team durch Rückkopplung mit sich selbst und mit der Umwelt in ein Gleichgewicht gerät. Feedbackschleifen und Reflexion der Prozesse sowie der Denk- und Arbeitsweisen sind wesentliche Elemente, um Synergien zu heben und ein gutes Miteinander zu erreichen. Die Struktur dieses Prozesses wird durch die vier Felder des Modells deutlich:

Sie machen die Unterschiede und Ähnlichkeiten im Team an- und besprechbar und zeigen, wie sie in ihrer Vielfalt zu Synergien führen können.

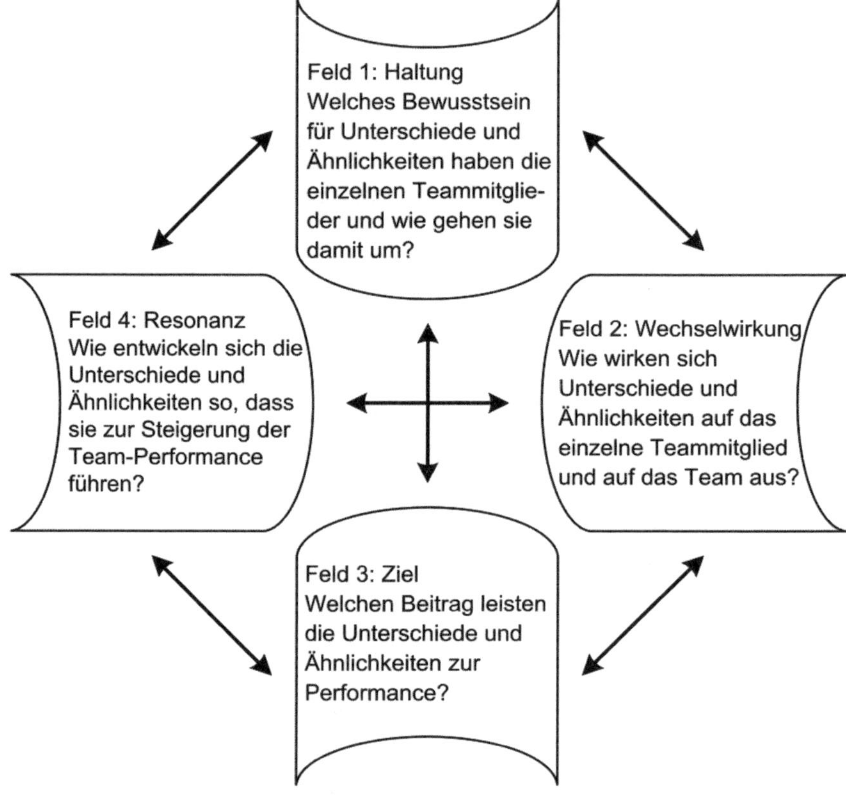

Die 4 Felder im Diversity-Teamentwicklungsmodell

Ein zentraler Aspekt unseres Modells ist die Auseinandersetzung der Teammitglieder mit der eigenen Haltung (Feld 1). Dabei gehen wir vom Gedanken des „Radikalen Konstruktivismus“ aus, wie ihn beispielsweise der Physiker Heinz von Foerster oder der Philosoph und Kommunikationswissenschaftler Ernst von Glasersfeld begründen: Jedes System und jedes Individuum konstruiert seine eigene Wirklichkeit. Somit wird sich jedes Teammitglied der eigenen Wirklichkeitskonstruktionen, der eigenen Identität und der eigenen Werte bewusst. Gleichzeitig reflektiert es den daraus resultierenden Umgang mit den Unterschieden und Ähnlichkeiten im Team.

Diese Exploration der Unterschiede und Ähnlichkeiten und die Beschäftigung damit, wie diese sinnvoll in Wechselwirkung gebracht werden können (z. B. durch gemeinsame Regeln und Arbeitsweisen und das konstruktive Austragen von Konflikten) führt durch die Arbeit im Feld 2 (Wechselwirkung) zu einer eigenen Teamkultur. Da wir davon ausgehen, dass sich jedes System selbst organisiert und damit eine eigene Stabilität schafft, halten wir es im Rahmen von Diversity-Teamentwicklung für wesentlich, diesen Prozess – der in jedem Fall stattfindet – bewusst zu gestalten. Dadurch findet das Team zu Regeln und Arbeitsweisen, die dem Ziel dienen und die unterschiedlichen Haltungen der Einzelnen einbeziehen.

Ralph Lehman und Samuel van den Bergh (2004) bestätigen in ihrer Studie, dass diejenigen Teams am erfolgreichsten sind, die eine synergetische Form der Zusammenarbeit finden. Sie können am besten ihr kreatives Potenzial nutzen und Konflikte vermeiden, da sie sich auf gemeinsame Regeln geeinigt haben, die mit ihren unterschiedlichen kulturellen Normen zu vereinbaren sind. Eine entscheidende Voraussetzung dieser Teams ist die respektvolle und neugierige Haltung der Teammitglieder anderen gegenüber – wir nennen dies auch Diversity-Kompetenz (siehe Kapitel 2.4).

Ein weiteres wesentliches Erfolgselement ist die konkrete Aufgabenstellung und die Klarheit über das gemeinsame Ziel. Dies ergab auch eine Studie von PA Consulting gemeinsam mit der Deutschen Gesellschaft für Projektmanagement (2005): Aufgrund unklarer Ziele und Anforderungen scheitern immerhin 68% der Projekte.

In Feld 3 (Ziel) entwickelt und vertieft das Team daher das gemeinsame Verständnis des Ziels. Ist das Ziel klar, fungiert es als Attraktor. Treten die relevanten Unterschiede im Sinne der Zielerfüllung in synergetisch verstärkende Wechselwirkung, entstehen – ähnlich wie in der Physik – Resonanzen.

Dann verstärken sich die relevanten Unterschiede und Ähnlichkeiten gegenseitig und führen zu Synergien, die wir im Feld 4 (Resonanz) untersuchen. Das Team wird sich seiner erreichten Fortschritte und Erfolge bewusst – ein wesentliches Motivationselement, das auch dabei unterstützen kann, schwierige Projektphasen zu überwinden.

Die Felder müssen nicht zwingend chronologisch bearbeitet werden. Vielmehr sollte dort eingesetzt werden, wo das Team je nach Ausgangslage und Reifegrad momentan steht. Nach unseren Erfahrungen kann sich der Prozess in allen vier Feldern gleichzeitig bewegen oder zwischen den einzelnen Feldern hin und her bewegen. Das zu frühe Eingehen und zu frühe Zurückkehren auf konkrete Fragestellungen des Alltages verhindert möglicherweise das Arbeiten an der Haltung (Feld 1). Diversity-Teams benötigen dreimal mehr Zeit für die Phase des Kennenlernens. Wenn ihnen diese Zeit nicht zugestanden wird oder sie selbst dem Verlangen nachgeben, sich zu früh der Aufgabenstellung zuzuwenden, bezahlen sie das in den meisten Fällen mit großen Problemen im Verlauf ihrer Projekte, wie auch Susan Schneider und Louis J. Barsoux in ihrer Studie „Managing across Cultures" (1997) feststellten.

Ganz sicher wird durch die Arbeit in den vier Feldern die Leistungsfähigkeit des Teams deutlich erhöht. Für jedes dieser Felder gibt es spezifische Interventionen, die wir im Kapitel 3 „Methoden" aufzeigen.

Das Modell dient also dazu, ein Team gezielt dort zu begleiten, wo es sich auf dem Weg zum respektvollen Umgang mit Unterschieden und dem Nutzen der Vielfalt befindet. Es zeigt auf, an welchem Punkt das Team in seiner Entwicklung unterstützt werden kann und dient uns als Berater und Beraterin bzw. der Führungskraft zur Strukturierung des Vorgehens.

2.2 Die Felder im Diversity-Teamentwicklungsmodell

2.2.1 Haltung (Feld 1)

Zentrale Fragen:

- Welches Bewusstsein für Unterschiede haben die einzelnen Teammitglieder? Welche Gefühle lösen Unterschiede aus?
- Wie wirken sie sich auf das Team aus? Was wäre, wenn wir alle gleich wären?
- Was unterscheidet mich von den anderen? In der Arbeitsweise, im Verhalten, im Umgang mit den anderen?
- Welches sind meine Werte? Welche Werte haben wir gemeinsam?
- Wie gehe ich mit Unterschiedlichkeiten um? Welche Unterschiede zu akzeptieren, fallen mir leicht, welche schwer?
- Welche Ähnlichkeiten haben wir und welche haben wir neu entdeckt?

Beschreibung:

Die bewussten und unbewussten Grundhaltungen der einzelnen Teammitglieder bestimmen die jeweiligen Wirklichkeitskonstruktionen und die Art der Zusammenarbeit im Team. Die Haltungen basieren auf Werten und dienen uns Menschen als Orientierungshilfe. Sie leiten uns bei unserem täglichen Handeln sowie Verhalten und beeinflussen, was wir sehen. Diese Grundhaltungen können im Laufe des Lebens konstant bleiben oder entwickeln sich je nach Situation weiter. Die Reflexion der eigenen Haltung ist daher ein wichtiger Baustein im Umgang mit Unterschieden.

In der Regel sind wir uns unserer mentalen Modelle und ihrer Auswirkungen auf unser Handeln im Team und in der Welt nicht bewusst. Bereits Peter Senge zeigte auf, wie viele Chancen verpasst werden, weil sie den – unbewussten – mentalen Modellen nicht entsprechen. Doch erst das Bewusstsein der eigenen Identität, der mentalen Modelle, Werte und des „So-geworden-Sein" ermöglicht, sich auf Unterschiedlichkeiten einzulassen und sie wertzuschätzen. Das Erkennen der eigenen Stärken und Schwächen, der eigenen Vorlieben und Abneigungen, hilft uns selbst und unser Verhalten besser zu verstehen sowie die Bewertungen zu reduzieren. Wir erlangen mehr Sicherheit im Umgang mit uns selbst und mit anderen.

Unsere Erfahrung zeigt, dass die explizite Auseinandersetzung mit den mentalen Modellen und Werten die einzelnen Teammitglieder und auch das Team als Ganzes stärkt. Die Kenntnis der eigenen Haltung und die Haltung der andern unterstützt die gegenseitige Wertschätzung und fördert das konstruktive Miteinander.

Der bewusste Umgang mit der eigenen Identität und mit der Andersartigkeit der Mitmenschen macht einen wesentlichen Teil dessen aus, was wir Diversity-Haltung nennen. Hierzu gehört, auf Bewertungen, die bei Vergleichen oft automatisch entstehen, möglichst zu verzichten. Die Akzeptanz von Unterschiedlichkeiten und das Nutzen der Vielfalt werden im Team zu verbindlichen Werten erklärt – eine Voraussetzung für die Diversity-Kompetenz des Teams. In diesem Feld des Modells arbeiten wir daher sowohl am Bewusstmachen der Identität als auch an der Haltung – des Einzelnen und der Teams – und an der Einstellung zu Andersartigkeit.

Wenn wir die Werte konkret erkunden, sie sowohl persönlich als auch gemeinschaftlich entdecken, entfalten sie eine unmittelbare Kraft. Diese gemeinsam getragenen Werte fördern, Verantwortung zu übernehmen für Ergebnisse und Beziehungsgestaltung und ermöglichen eine gemeinsame Sinngestaltung. Diese Sinnfindung und Sinnerfüllung kann die Bedeutung eines „sich in Beziehung bringen mit dem Leben und seinen Aufgaben“ haben und eine Grundlage bilden für Motivation und menschliche Würde (Bruno Rossi, 2005).

Wenn ein Team sich nicht die Zeit für dieses Thema nehmen will und/oder sich die Teammitglieder nur oberflächlich auf diesen Prozess einlassen, kann sich daraus in der Entwicklung des Teams ein Stolperstein ergeben. Dies ist der Fall, wenn die Teammitglieder und/oder die Führungskraft die Relevanz für den Teamerfolg (noch) nicht sehen oder durch den Zeit- und Erfolgsdruck sofort am Thema arbeiten möchten. Weitere Gründe, das Feld Haltung zu übergehen, sind das fehlende Vertrauen untereinander und die fehlende Bereitschaft, sich gegenüber den Kollegen und Kolleginnen zu öffnen bzw. sich mit sich selbst zu beschäftigen.

In allen diesen Fällen kann es sinnvoll sein, zunächst an dem Verständnis der Ziele – wie im Feld Ziel beschrieben – zu arbeiten und hierbei sensibel für Unterschiede zu sein und auf diese hinzuweisen.

Vorgehensweise:

1. Bewusstmachen der eigenen Identität, der eigenen Werte und Normen

Wir reflektieren die eigenen Werte, Prägungen und Handlungsmuster und die daraus resultierenden Stärken und Schwächen – des Einzelnen sowie des Teams. Durch den Austausch darüber können Unterschiede besser verstanden werden. Die einzelnen Teammitglieder lernen dabei, eigene Bewertungen zu relativieren.

Erster Schritt: In Kontakt treten und Unterschiede anerkennen

Manche Teams neigen dazu, auf Ähnlichkeiten zu fokussieren, da diese in der Auseinandersetzung mit Unterschieden Sicherheit geben. Unterschiede wirken oft irritierend, fremd und können abgelehnt werden. Um dies zu vermeiden, sind zunächst zwar die wahrgenommenen Unterschiedlichkeiten im Fokus, jedoch werden sie in einer akzeptierenden, offenen und neugierigen Haltung angesprochen.

Zweiter Schritt: Auseinandersetzung mit dem Fremden und mit dem Eigenen

Danach wird der individuelle Umgang mit Unterschiedlichkeiten reflektiert. Hierbei hilft das Modell von Milton Bennett (siehe Exkurs „Das Developmental Model of Intercultural Sensitivity“). Fragen der Haltung rücken ins Zentrum.

Dritter Schritt: Integration

Bereitschaft, zum Eigenen zurückzukehren und das Neue zu integrieren. Durch die Auseinandersetzung mit Unterschiedlichkeiten kann sich die eigene Sichtweise erweitern: Wie kann ich das Fremde in mir integrieren? Wie kann ich das Neue nutzen?

Vierter Schritt: Die Vielfalt nutzen

Wenn die einzelne Person sich im letzten Schritt auf veränderte oder neue Aspekte des eigenen Selbst einlässt, sind die neuen Sichtweisen integriert und werden als Bereicherung erlebt.

2. Entdecken der Vielfalt

Durch Reflexion werden nicht nur Unterschiede deutlich, sondern auch Ähnlichkeiten entdeckt. Die im Team vorhandene Vielfalt wird sichtbar (siehe Feld Wechselwirkung) und kann für das Ziel genutzt werden.

Zwar neigen wir Menschen dazu, den Fokus eher auf Ähnlichkeiten zu richten. Jedoch ist unsere Erfahrung, dass durch den konsequenten Blick auf die Unterschiedlichkeiten persönliche Animositäten weniger Aufmerksamkeit erhalten. Beziehungen werden dadurch anders erlebt und von Störungen entlastet. Die Sicht des Einzelnen erweitert sich. Die Auseinandersetzung mit der eigenen Identität kann beginnen. Je mehr Identitätsmöglichkeiten eine Person hat, desto weniger ist sie fixiert, und es fällt ihr leichter, etwas Zusätzliches anzunehmen.

Funktion:

Die Teammitglieder werden auf sich selbst und die anderen neugierig. Sie können sich weitgehend selbstbewusst, authentisch und angstfrei zeigen. Dabei lernen sie, Bewertungen in der Schwebe zu halten. Unter diesen Voraussetzungen gelingt es, möglichst viele Unterschiede und Ähnlichkeiten zu finden.

Ergebnis:

Die Teammitglieder sind sich ihrer eigenen Werte, mentaler Modelle, der eigenen Identität und Prägungen bewusst. Sie kennen weitgehend ihre eigenen Stärken und Schwächen, ihre Vorlieben und Abneigungen, ihre Vorurteile und Bewertungen. Die Werte Akzeptanz von Unterschiedlichkeiten und Nutzen der Vielfalt sind als verbindlich erklärt und werden im Arbeitsalltag eingesetzt. Dabei wird die eigene Haltung immer wieder neu reflektiert (siehe auch Feld Resonanz).

Exkurs: Das Developmental Model of Intercultural Sensitivity (DMIS) von Milton Bennett

Die ethnorelative Einstellung der Teammitglieder ist eine erste Voraussetzung zur Entstehung von kultureller Synergie in multikulturellen Teams. Dies zeigt Milton Bennett in seinem „Developmental Model of Intercultural Sensitivity“ (DMIS), das sich insbesondere mit den Abstufungen zwischen ethnozentrischen und ethnorelativen Einstellungen befasst.

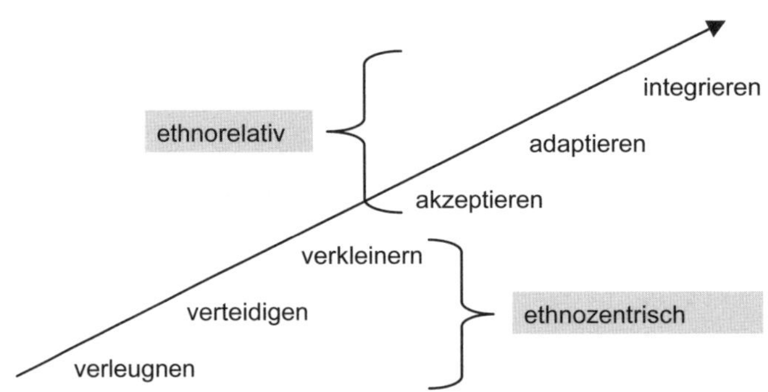

Developmental Model of Intercultural Sensitivity nach Milton Bennett

Ethnozentrisch bedeutet, dass man die Weltsicht der eigenen Kultur als die einzig richtige ansieht. Menschen, die sich auf dieser Stufe befinden, verleugnen entweder die Existenz von kultureller Differenz, das andere wird abgewertet, oder die kulturellen Unterschiede werden im Vergleich zu allgemein menschlichen Ähnlichkeiten als unbedeutend empfunden.

Bennett unterscheidet drei Ausprägungen innerhalb der ethnozentrischen Stufe:

- Verleugnen (denial)
  In dieser Ausprägung wird nur die eigene Kultur wahrgenommen und die Berührung mit anderen Kulturen vermieden. Menschen in dieser Stufe sind im Allgemeinen an kulturellen Unterschieden nicht interessiert und können aggressiv reagieren, wenn sie ihnen zu nahegebracht werden. Diese Stufe birgt die Gefahr, nur sehr große Kategorien von kultureller Differenz zu erkennen.

- Verteidigen (defense)
  Nach der Verleugnung kommt die Verteidigung: Menschen, die auf dieser Entwicklungsstufe stehen, sehen ihre Kultur als die einzig gute an und kulturelle Differenz als Gefahr. Für sie gibt es hoch entwickelte und weniger hoch entwickelte Kulturen. Das andere wird abgewertet oder der eigene kulturelle Status sehr hoch bewertet.
- Verkleinern (minimization)
  Menschen dieser Entwicklungsstufe erkennen zwar kulturelle Unterschiede, bewerten sie aber als unbedeutend, da es ihrer Meinung nach menschliche Universalien gibt. Diese Menschen gehören häufig zu einer dominanten Gruppe der Gesellschaft, da die universalistischen Annahmen oft auf der „dominanten Kultur“ basieren. Andere Kulturen werden entweder romantisch verklärt oder vereinfacht. Menschen in dieser Stufe erwarten Ähnlichkeiten und neigen dazu, andere zu korrigieren, sodass sie ihren Erwartungen entsprechen.

Ethnorelativ bedeutet, dass die eigene Kultur im Kontext zu anderen Kulturen gesehen wird. Das einzelne Verhalten kann nur im kulturellen Zusammenhang verstanden werden. Es gibt kein richtiges oder falsches, besseres oder schlechteres Verhalten, sondern Verhalten in anderen Kulturen ist einfach anders.

Die ethnorelative Stufe hat ebenfalls drei verschiedene Ausprägungen:

- Akzeptieren (acceptance)
  Kulturelle Differenz wird auf der Stufe der Akzeptanz nicht mehr als Bedrohung empfunden, sondern als eine Bedingung menschlichen Lebens respektiert. Die eigene Weltsicht wird als relatives kulturelles Konstrukt und lediglich als eine von vielen ebenso komplexen Weltsichten gesehen. Bennett unterscheidet zwei Formen dieser Entwicklung: erstens Respekt vor kultureller Differenz in Verhalten, Sprache und verbalen sowie nonverbalen Kommunikationsstilen und zweitens Respekt vor unterschiedlichen Werten. Wobei Respekt hier nicht Zustimmung heißt. Man kennt die eigenen Scheuklappen, weiß aber noch nicht, wie man damit umgehen soll.
- Adaptieren (adaptation)
  Ab dieser Stufe erlangen die Menschen vermehrt die Fähigkeit, sich auf Menschen anderer Kulturen zu beziehen, mit ihnen effektiv zu kommuni-

zieren und auf unterschiedliche Weltsichten angemessen zu reagieren. Die eigene kulturelle Identität wird dadurch nicht ersetzt, jedoch erweitert, um so Teile anderer Weltsichten zu integrieren. Es gibt sozusagen Brücken zwischen den Kulturen. Feedback fördert die Empathie, der eigene Umgang mit anderen Kulturen wird reflektiert.

- Integrieren (integration)
  Auf dieser letzten Entwicklungsstufe ist der Ethnorelativismus in die Identität und das eigene Bezugssystem integriert. Die Herkunftskultur gilt nicht mehr als Bezugssystem. Der Mensch definiert seine Beziehung zum kulturellen Kontext selbst und verfügt über viele Möglichkeiten, Perspektiven zu wechseln und unterschiedliche Weltsichten zu integrieren. Diese Stufe wird beinahe nur von Menschen erreicht, die in mehreren Kulturen großgeworden sind, und manchmal von Langzeit-Expatriates.

Da es im Modell von Bennett sehr stark um Haltungen geht, haben wir zur praktischen Anwendung ein Diagnose-Tool für Teams entwickelt (siehe Kapitel 3.3.).

2.2.2 Wechselwirkung (Feld 2)

Zentrale Fragen:

- Wie viel Unterschied darf sein?
- Wo nutzen wir unsere Unterschiedlichkeiten erfolgreich? Wo lösen sie Wohlbefinden aus?
- Wo lösen sie Unbehagen aus? Wo sind sie störend?
- Wo und wann ist ein gleiches Vorgehen notwendig? Welche Abmachungen sind nötig? In welcher Form?
- Was macht unsere Teamkultur aus? Worin unterscheiden wir uns von anderen?
- Was verbindet uns, welche Gemeinsamkeiten entwickeln wir, um das Ziel zu erreichen?
- Welche Gemeinsamkeiten entstehen aufgrund der Unterschiede?
- Wo ergänzen wir uns bezüglich unserer Vielfalt?

Beschreibung:

So wie das systemische Denken sich mit der Vielzahl von Wechselwirkungen in komplexen Systemen beschäftigt und Aufbau, Funktion sowie Interaktionsprozesse in den Mittelpunkt der Betrachtungen stellt, arbeiten wir in diesem Feld mit der Wechselwirkung von Unterschieden und Ähnlichkeiten.

Das Team exploriert Unterschiede und setzt sich mit den für die Zielerreichung relevanten Unterschieden sowie dem Umgang mit diesen auseinander. Durch den Austausch, d. h. dass die Unterschiede und Ähnlichkeiten in Wechselwirkung gebracht werden, kann ein Klima des Vertrauens entstehen. Damit steht Vielfalt dem Team als Ressource zur Verfügung. Diese Exploration löst in Folge bei den Teammitgliedern positive, neutrale oder negative Reaktionen aus, die in Wechselwirkung miteinander treten. Positive Reaktionen entstehen, wenn Unterschieds- und Vielfaltsmerkmale auftreten, von denen sich Teammitglieder einen Vorteil versprechen oder sie aus anderen Gründen positiv bewerten. Negative Reaktionen entstehen, wenn die Unterschiedsmerkmale zu einem vermeintlichen Nachteil führen und aus anderen Gründen auf Ablehnung stoßen. Auch neutrale Reaktionen sind möglich.

Wir gehen davon aus, dass Kultur das dynamische Beziehungsgebilde eines sozialen Kollektivs ist. So entwickelt sich durch das Miteinander Umgehen und Kommunizieren der Beteiligten im Laufe der Zeit eine neue, spezifische Kultur des Teams. Sie entsteht als Ergebnis aus den Verhandlungen zwischen Identitätsgruppen und Individuen. Das System bzw. das Team entwickelt eigene Regeln und Bedeutungen sowie ihre spezifische Arbeitsweise.

Ein Ziel der Arbeit ist, dass möglichst viele der neu entdeckten Unterschiede in hohem Maße akzeptiert werden können. Dies erfordert die empathische Auseinandersetzung und eine intensive Reflexion der Unterschiede und der Vielfalt auf der persönlichen und auf der Teamebene, wie im Feld Haltung geübt. In der Folge kann eine Vielzahl von akzeptierten Verhaltensweisen entstehen. Das Team steht jetzt vor der Aufgabe, die entstandene komplexe Vielfalt auf das erforderliche, betrieblich notwendige Maß zu reduzieren. Dies erfolgt durch die Aufgabenstellung und durch Konzentration auf die Erfüllung des definierten Ziels. Dadurch erhalten bestimmte Vielfaltsmerkmale eine besondere Bedeutung und werden so für die Zielerreichung zu relevanten Unterschieden (siehe auch Feld Ziel).

Unsere Erfahrung zeigt, dass durch das Entwickeln einer gemeinsamen Identität der Teamzusammenhalt und auch das einzelne Teammitglied gestärkt werden.

Es ist zu beobachten, dass sich Motivation und Arbeitseffizienz erhöhen. Die Vielfalt wird zur Zielerreichung genutzt und weniger als Störfaktor erlebt.

Vorgehensweise:

Im Zusammenspiel von Unterschieden und Ähnlichkeiten werden Vorteile von Andersartigkeit getestet und erste Synergien gefunden. Die klassischen reflektiven Prozesse der Kommunikation wie beispielsweise wertschätzendes Feedback oder aktives Zuhören sowie der Austausch über Beobachtungen auf der Metaebene bieten die Chance, Unterschiede und Ähnlichkeiten in Wechselwirkung zu bringen. Wichtig dabei: Geschützter Rahmen, Einladung zur Öffnung; Einladung andersartige Meinungen zu äußern; Bewusstsein über das Vorhandensein von Unterschieden, stetiges Arbeiten am gegenseitigen Vertrauen (Google's Team-Effectiveness Research, 2017). Das Team legt Vereinbarungen zur Zusammenarbeit fest. Gleichzeitig thematisiert das System den Umgang mit Konflikten und erarbeitet Wege und Regeln zu deren Lösung.

Funktion:

Das Feld Wechselwirkung bewirkt das Üben eines konstruktiven Umgangs mit Unterschieden und Konflikten.

Ergebnis:

Die Unterschiedlichkeiten sind nun so in Kontakt gebracht, dass Austauschprozesse und Wechselwirkungen ermöglicht werden. Es hat sich eine neue, spezifische Kultur als Ergebnis aus den Verhandlungen zwischen Identitätsgruppen und Individuen entwickelt. Das System bzw. Team kennt die eigenen Regeln und Bedeutungen. Auch leise geäußerte Meinungsäußerungen werden gehört und einbezogen. Da das Zusammenspiel von Unterschieden und Gemeinsamkeiten klar ist, sind Vorteile von Andersartigkeit erkannt und erste Synergien gefunden. Durch die gestärkte Konfliktfähigkeit werden Konflikte konstruktiv ausgetragen, zugunsten eines besseren Ergebnisses. Das Team lebt eine wertschätzende Feedbackkultur und kommuniziert effektiv.

2.2.3 Ziel (Feld 3)

Zentrale Fragen:

- Was ist unser gemeinsamer Auftrag, unsere gemeinsame Aufgabe, unser gemeinsames Ziel?
- Wo sehen wir die Herausforderung? Wo sehen wir die Begeisterung?
- Wie stark identifizieren wir uns mit unseren Zielen?
- Was macht unser Ziel so attraktiv?
- Ist der Auftrag/die Aufgabe komplex und anspruchsvoll?
- Welche Unterschiede in unserem Team tragen besonders zur Zielerfüllung bei?
- Was ist das Gemeinsame, das das Team miteinander verbindet?

Beschreibung:

Die Zielklärung ist ein wichtiger Bestandteil jeder Teamentwicklung. Im Kontext von Diversity dient das Ziel dazu, die Vielfalt bestmöglich zu nutzen. Es beschreibt das erwartete Ergebnis einer komplexen Aufgabe, hat eine Anziehungskraft und gibt Orientierung. Dabei bietet es einen breiten Rahmen, innerhalb dessen sich die Unterschiede als Potenzial entfalten können. Gerald Hüther, Professor für Neurobiologie an der Psychiatrischen Klinik der Universität Göttingen, schreibt in seinem Buch „Was wir sind und was wir sein könnten" (Seite 49), dass wir Menschen die einzigen Lebewesen sind, die sich nicht nur selbst mit Begeisterung etwas ausdenken können, sondern dass wir dazu auch eine Gemeinschaft brauchen. Wir Menschen haben die Fähigkeit, unsere Aufmerksamkeit auf etwas zu richten, besonders weit entwickelt und wir sind in der Lage, in einer Gemeinschaft über uns hinauszuwachsen. Im Hirn ist genetisch mehr bereitgestellt, als wir nutzen und es gibt viele Potenziale, die brachliegen. Das Ziel stellt somit idealerweise eine überdurchschnittliche Herausforderung dar, die den gemeinsamen Willen auslöst, ein hervorragendes Ergebnis zu erreichen. Es räumt dem Team ausreichend Freiraum ein, den Weg zum Ziel selbstverantwortlich zu bestimmen.

Das Ziel gibt wichtige Impulse für die Zusammenstellung des Teams. Es motiviert die Teammitglieder, neue Ideen und ihr vielfältiges Potenzial einzubringen. Insbesondere sehr heterogene Teams profitieren davon, da sie ein starkes verbindendes Element, etwas Gemeinsames, benötigen. Ein gemeinsames Ziel, das die oben angeführten Kriterien erfüllt, kann ein solches verbindendes Element sein. Die Vielfalt wird dann nicht als mögliche Störung, sondern als Potenzial empfunden (siehe Feld Wechselwirkung). Das visionäre Ziel wirkt, wie der aus der Chaostheorie bekannte „Strange Attractor". So wie dieser aus dem Chaos der Turbulenzen quasi neue Ordnungen zu schaffen scheint, wirkt in unserer Vorstellung das Ziel als Attraktor, der aus der Vielfalt der Unterschiede diejenigen anzieht, die zur besonders erfolgreichen Zielerfüllung beitragen können.

Es ist also bereits eine Herausforderung für Führungskräfte, ein Ziel so herauszuarbeiten, dass die Teammitglieder seinen Sinn und Nutzen erkennen und sich für die Zielerreichung begeistern. Denn ein hohes herausforderndes Ziel spornt Teammitglieder dazu an, alle ihre Talente und Kompetenzen einzubringen. Über quantitative Zielsetzungen hinaus bildet der Sinn, den das Ziel für die Einzelnen und die Gemeinschaft darstellt, einen großen Antrieb. Daher muss das Ziel immer wieder in den Blick gerückt werden.

Gerald Hüther erwähnt im Artikel „Wie gehirngerechte Führung funktioniert", dass aus neurobiologischer Sicht das menschliche Gehirn nicht zum Abarbeiten von Routinen, sondern für kreatives Problemlösen optimiert ist. Das Gehirn braucht permanent neue Herausforderungen, die unter die Haut gehen und die sich auf den eingefahrenen Bahnen des Denkens nicht lösen lassen. Für ihn ist eine Regel für „hirngerechtes Führen", dass die Führungskräfte ihre Mitarbeitenden regelmässig vor neue Herausforderungen stellen.

Wir unterscheiden zwischen einem Projektziel, nach dessen Erreichung das Projektteam sich unter Umständen wieder auflöst und einem Ziel für ein dauerhaft zusammenarbeitendes Team von Menschen. Im zweiten Fall ist der nachhaltigen Arbeit an den Feldern Haltung und Wechselwirkung besonderes Augenmerk zu legen. Durch die Beschreibung eines geeigneten Ziels werden nach unserer Auffassung aus der zunächst riesigen Menge von Unterschieden, die ja in jedem Team von vorneherein vorliegen, diejenigen stimuliert, die zu einer besonders guten Lösung beitragen können.

Das herausfordernde Ziel steht im Mittelpunkt des gemeinsamen Handelns und schafft in idealer Weise Offenheit und Neugier, für die im Team vorhandenen, vielfältigen und unterschiedlichen Vorgehensweisen und Kompetenzen. Diese Offenheit fördert die Bereitschaft, beispielsweise kulturspezifische, persönliche Unterschiede zu überwinden und diese zu nutzen. Sie ist der Schlüssel für die Entwicklung notwendiger Normen und Standards sowie gemeinsamer Spielregeln.

Wir plädieren daher dafür, sich erstens die Zeit zu nehmen, ein visionäres Ziel herauszuarbeiten und zweitens, dem Team Zeit zu lassen, sich an dem Ziel zu begeistern. Das bedeutet dann zwangsläufig, dass die Zielbeschreibung Spielraum für die unterschiedlichsten Lösungsstrategien bieten muss. Das Wie, der beste Weg zum Ziel, bleibt zunächst weitestgehend offen und wird vom Team selbst gefunden.

In diesem Feld explorieren wir auch unterschiedliche Sichtweisen zum Auftrag und Ziel. Hierin ist ein Konfliktpotenzial verborgen, das ein Team in der Leistungsfähigkeit behindern kann. Je größer die Unterschiede in der Auffassung darüber sind, was der Auftrag und welches die zu erreichenden Ziele sind, umso höher ist das Konfliktpotenzial. Daher muss das vorhandene Konfliktpotenzial definiert und bearbeitet werden. Es ist wichtig, sich mit der Frage zu beschäftigen, wie es gelingt, die Vielfalt an Fertigkeiten, Fähigkeiten, Ideen usw. einer Gruppe für eine hervorragende Leistung als Team zu aktivieren – im engen Bezug zum Feld Wechselwirkung.

Oftmals sind Teammitglieder unsicher, was sie zeigen dürfen und was nicht, was gewünscht ist und was nicht, wer was macht und wer nicht. Spätestens, wenn das Ziel für alle klar im Fokus ist, werden auch bisher blockierende Unterschiede angesprochen und blockierende Themen aufgelöst. Dies trägt dazu bei, die Vielfalt zu entfalten. Andererseits ist es dann möglich, vorher unerwünschte Verhaltensweisen positiv zu konnotieren. Sie können jetzt als ein nachhaltiger und/oder wichtiger Ergebnisbeitrag gesehen werden.

Vorgehensweise:

Zunächst muss also der Auftrag klar formuliert werden. Unterschiedliche Sichtweisen zu Auftrag und Zielen werden exploriert. Die Teammitglieder entdecken Gemeinsamkeiten und Verbindendes. Vorhandene Vielfalt wird sichtbar gemacht und genutzt. Relevante, zieldienliche Unterschiede und Ähnlichkeiten kristallisieren sich heraus.

Funktion:

Durch das Feld gelingt es, die relevanten Unterschiede aufzuspüren, Talente und Potenziale freizusetzen und das Verbindende zu kennen. Es gibt Orientierung und vermittelt Anziehungskraft.

Ergebnis:

Am Ende steht ein klar formuliertes, gemeinsam getragenes Ziel, das den Teammitgliedern Orientierung vermittelt. Die Zielerfüllung ist sinnstiftend für das Team. Das Ziel wird von den Teammitgliedern als anspruchsvoll, aber erfüllbar empfunden. Sie übernehmen Verantwortung, den Weg zum Ziel zu gestalten und fühlen sich dabei inspiriert, neue Ideen sowie ihr vielfältiges Potenzial einzubringen. Vorhandene Vielfalt wird sichtbar und genutzt. Da die relevanten Unterschiede nun deutlich sind, können sie gezielt eingesetzt werden.

2.2.4 Resonanz (Feld 4)

Zentrale Fragen:

- Was hat sich verändert?
- Welche Erfolge haben sich eingestellt? Was hat zu den Erfolgen geführt?
- Welche Resonanzen erleben die Teammitglieder mit dem, was sie tun, mit der Art und Weise, wie sie einander zuhören und wie sie zusammenarbeiten?
- Was hat Andersartigkeit bei den Teammitgliedern ausgelöst?
- Welche Synergien haben wir entwickelt, die zu neuen innovativen Ideen und Lösungen zur Steigerung der Team Performance geführt haben?
- Welche relevanten Unterschiede und Ähnlichkeiten, die zur Erreichung der Team Performance führten, haben sich verstärkt?

Beschreibung:

Das Phänomen der Resonanz begegnet uns in verschiedenen Zusammenhängen. Es ist die Rede von Ankopplung, von Verstärkung, von Kommunikation. In jedem Fall handelt es sich um eine besondere, wirkungsvolle, synergetische Form der Wechselwirkung schwingender Systeme.

Unter Resonanz wird im Kontext der Musik Mitschwingen, Mittönen, Klangverfeinerung und Klangverstärkung verstanden: Der Resonanzkörper des Instrumentes z. B. schwingt ebenfalls in der von der Saite angeregten Frequenz und gibt so diese Schwingung verstärkt an die Zuhörenden weiter.

Im Kontext von Teams ist es das Gefühl von Stimmigkeit, von „alle ziehen am gleichen Strick“, „wir schaffen uns in die Hand“, von Interesse, Verständnis und von gegenseitigem Vertrauen, woraus neue Ideen generiert werden können. Damit solche Klangräume entstehen können, ist der Aufbau eines positiven Resonanzfeldes (siehe Feld Haltung), der Aufbau einer Teamkultur, die Unterschiede wertschätzt und kompetent damit umgehen kann, eine zentrale Voraussetzung.

Laut Professor Dr. Wolfgang Berger, Leiter des Business Reframing Institutes in Karlsruhe, „reagieren auch Menschen wie Resonanzkörper, wenn sie in ihrer Schwingung angesprochen werden. Die Resonanzkörper bilden ein Feld, das bei Gleichschwingung ausstrahlt und anzieht." (vgl. Claude Keller, 2006: Symptome sind „weich", Gedanken sind „hart").

In der soziologischen Systemtheorie (nach Luhmann) ist Resonanz eine Übertragungsmöglichkeit für Prozesse zwischen miteinander verbundenen Systemen bzw. von direkt benachbarten Systembestandteilen innerhalb eines Systems aufgrund der Gleichartigkeit beider. Dies setzt voraus, dass gleichartige Systemzonen existieren und eine Verbindung zum Austausch zwischen diesen beiden besteht. Die Resonanz vollzieht sich derart, dass beispielsweise das zeitliche Verhalten in der einen Zone auf die andere übergeht. Im Allgemeinen wird diese Übertragung besser, je ähnlicher sich die beiden Instanzen einander sind, und geringer, je unähnlicher. Die Zusammenführbarkeit (Angepasstheit von Botschaft und deren Medium) spielt dabei die entscheidende Rolle. Leichte Wiederholbarkeit und das Maß des übertragenen sozialen Druckes beeinflussen einander.

Peter Kruse entwickelt die linearen Sender und Empfängermodelle weiter. Für ihn entsteht Verständnis dann, wenn die Aussage des Senders in Resonanz tritt mit einem Wirklichkeitsmuster des Empfängers.

Aufgrund der Entdeckung der Spiegelneuronen im Jahre 1996 gilt heute in der Psychoneuroimmunologie als bewiesen, „dass zwei Menschen emotional immer in Resonanz gehen: Der eine fühlt das, was der andere fühlt. Dies wird in der Fachliteratur als emotionale Ansteckung bezeichnet. Ohne emotionale Entwicklung des Vorgesetzten und der Mitarbeitenden kann sich im Unternehmen keine innere Eigendynamik entwickeln, die für langfristig nachhaltigen Erfolg notwendig ist. Das Resonanz-Prinzip erlaubt es, dieses ungenutzte Potenzial auszuschöpfen" (Claude Keller).

Damit ein Team zum Schwingen kommt, in Resonanz gehen kann, braucht es nach Gebert et al. (2006) sowohl die Wertschätzung der Individualität, das Einnehmen können einer Generalistenperspektive als auch eine kollektive Identität. Dies sind die drei Erfolgsfaktoren, die heterogene Teams zu positiven Ergebnissen führen können. Die kollektive Identität unterstützt das gruppenbezogene Verhalten der Teammitglieder für die gemeinsame Zielerreichung. Damit sich Teammitglieder bei der Entwicklung einer kollektiven Identität in ihrer freien Entfaltung nicht eingeschränkt fühlen, empfehlen Gebert et al. gleichzeitig die Wertschätzung der Individualität (siehe Feld Haltung) und die Generalistenperspektive (siehe Feld Wechselwirkung) zu fördern. Mit Unterstützung dieser drei Erfolgsfaktoren kann eine „synergistische Kommunikation" erzeugt werden, eine Kommunikation, in der die Teammitglieder einander zuhören, ihren Standpunkt und ihre Sichtweise verdeutlichen, diese auch miteinander teilen und die unterschiedlichen Sichtweisen der Teammitglieder zu neu kombinierten, brauchbaren Lösungen führen. Gelingt es einem Team, auf diese Art und Weise zu kommunizieren, befindet es sich im Feld der Resonanz. Für C. Otto Scharmer (Theorie U, 2009) bedeutet dies, dass die Teammitglieder fähig sind, von sich als einem Teil des Ganzen her zu sprechen, Standpunkte zu erkunden und gleichzeitig sich selbst als Teil des Systems zu sehen. Das bedeutet, die Teammitglieder verlassen die Ebene der Debatte und beginnen, mehr die Perspektive der anderen einzunehmen, hinzuspüren und vom andern her oder vom Ganzen her wahrzunehmen. Da sie dadurch alte Denkmuster loslassen und auf eine neue Ebene gelangen, wird so ein schöpferisches Denken möglich – etwas Neues entsteht.

In der Diversity-Teamentwicklung verstärken sich im Feld Resonanz die relevanten Unterschiede im Hinblick auf das Ziel gegenseitig und führen zu Synergien bei der Zielerreichung. Durch die Bereitschaft und Fähigkeit, im Dialog miteinander zu kommunizieren, ergeben sich neue Wege für innovative Lösungen und Ergebnisse.

Menschen sind weder eindimensional noch immer gleich. Jeder hat schon einmal erlebt, dass er sich bei verschiedenen Gesprächspartnern oder Gruppen unterschiedlich verhält, unterschiedlich zuhört, aus einem andern Feld der Wahrnehmung kommuniziert. Dies entspricht dem Phänomen der Resonanz, das wir hier meinen. Durch unterschiedliche Werte, Verhaltensweisen und Vorgehensweisen der anderen Teammitglieder werden auch in jeder einzelnen Person bisher nicht gelebte Seiten angeregt oder bereits vorhandene verstärkt – „zum Schwingen gebracht". Wenn z. B. eine eher ernste Person mit jemandem zusammenarbeitet, der vieles zunächst von der humorvollen Seite sieht, so kann dies dessen eigene humorvolle Seite anregen. Die Vielfalt in einem Team führt also dazu, dass die Vielfalt in jedem Einzelnen zum Schwingen kommt und sich somit die Perspektiven und Handlungsoptionen erweitern.

Werden die positiven Auswirkungen bewusst, verstärken sie sich weiter. Beim Einzelnen kann dies eine veränderte, positive Einstellung zu Unterschieden und

Ähnlichkeiten sein sowie die persönliche Weiterentwicklung durch eine ständige Selbstreflexion. Auf der Teamebene ist eine verbesserte Zusammenarbeit möglich; es entsteht Synergie im Hinblick auf eine besondere Zielerreichung. Der positive Umgang mit den Unterschieden und Ähnlichkeiten und die damit verbundenen Erfolge führen zu einer Verankerung des Wertes „Wertschätzung“ in der Unternehmenskultur (siehe Haltung). Mitarbeitende eines solchen Unternehmens haben es zunehmend leichter, mit einer offenen Haltung in Wechselwirkung zu treten und so das Potenzial ihrer Unterschiede und Ähnlichkeiten zur Erreichung besonderer Ziele zu nutzen. Es entsteht ein Bild der positiven Verstärkung, mehr und innovativere Lösungsideen werden möglich, die dem Einzelnen allein nicht zugänglich wären.

Vorgehensweise:

Wir betrachten die bisherigen Erfolge und Fortschritte sowie die Art und Weise, wie diese erreicht wurden. Die veränderten Einstellungen der Einzelnen und des Teams werden beschrieben, die erzeugten Resonanzen (Stufen des Zuhörens und der Wahrnehmung) reflektiert, neue entdeckte Seiten bei jedem Einzelnen betrachtet. Mittels der Vielfalt werden Synergien herausgearbeitet, Erfolge gewürdigt und die Zielerreichung wird gefeiert.

Funktion:

Durch die Betrachtung entstandener Synergien verstärken sie sich noch einmal. Kreativität wird freigesetzt. Die Einzelnen und auch das Team reflektieren ihre eigene Entwicklung.

Ergebnis:

Da die Teammitglieder sich mit einer neugierigen Haltung begegnen, kommt es zur Wertschätzung der relevanten Unterschiede und zur Erreichung besonderer Ergebnisse. Die gegenseitige Wertschätzung bewirkt ein hohes Maß an Kreativität für innovative neue Lösungen und zur Zielerreichung. Durch ihr Potenzial als heterogene Gruppe kann ein Team gerade komplexe Aufgabenstellungen mit hervorragendem Ergebnis lösen. Werte wie z. B. Offenheit, Wertschätzung und Akzeptanz werden im Teamalltag gelebt und etablieren sich somit zunehmend als Teil der Unternehmenskultur.

Exkurs: Stufen des Zuhörens von C. Otto Scharmer

Die vier unterschiedlichen Stufen des Zuhörens unterscheiden sich im Hinblick auf den Punkt, an dem Aufmerksamkeit und Absicht entsteht. C. Otto Scharmer unterscheidet in seinem Modell der Theorie U vier Grundtypen des Zuhörens:

Erster Typ: downloaden (runterladen)

Das Zuhören dient der Bestätigung bereits vorhandener Urteile. Wir sehen und hören nur das, was unserem gewohnheitsmässigen Urteilen und Denken entspricht.

Zweiter Typ: gegenständlich-unterscheidendes oder das objektfokussierte Zuhören.

Beim Zuhören wird darauf geachtet, was sich von dem unterscheidet, das man bereits weiss. Die Aufmerksamkeit ist auf Fakten und auf neue oder unerwartete Daten gelenkt.

Dritter Typ: Empathisches Zuhören

Dies ist ein Zuhören mit der Intelligenz unseres Herzens. Die Wahrnehmung verschiebt sich aus der eigenen Welt in das Feld hinaus zum andern, zu dem Ort, von dem aus der andere spricht. Wir versetzen uns direkt in einen anderen Menschen oder eine Gruppensituation hinein. Das eigene Vorhaben wird vergessen, und wir nehmen wahr, wie sich die Welt aus der Sicht eines anderen zeigt. Wir beginnen die Welt mit den Augen des andern zu sehen.

Vierter Typ: Schöpferisches Zuhören

Wir sind nicht mehr empathisch mit jemandem, der uns gegenüber sitzt, verbunden. Wir verspüren eine tiefere Resonanz. Wir konzentrieren uns darauf, was Neues entstehen kann. Dies ist ein Zuhören aus dem entstehenden Zukunftsfeld. Voraussetzung dazu ist, inneres Schweigen zu entwickeln und auch auf die Stille zwischen den Worten zu achten. In diesem gesteigerten Zustand der Aufmerksamkeit kann altes losgelassen werden und Platz für neues entstehen.

2.3 Besondere Ausgangssituationen beim Einsatz des Modells

Typische **Ausgangssituationen**, in denen Diversity-Teamentwicklung sinnvoll ist:

- Ein Team spürt, dass es auf der Stelle tritt und dass Unstimmigkeiten im Team dem Erfolg im Wege stehen, da es mehr mit sich selbst als mit der Aufgabe beschäftigt ist. Das Team führt dies auf die Unterschiedlichkeit der Teammitglieder zurück.
- Ein neu zusammengesetztes Team möchte schnell arbeitsfähig werden und dafür eine gute gemeinsame Basis schaffen.
- Ein interdisziplinäres und/oder interkulturelles Team spürt die Kraft der Unterschiede und möchte die vorhandenen Unterschiede besser nutzen können.
- In einem interkulturellen Team verhindern unterschiedliche Werthaltungen und zu große Vielfalt erfolgreiche Ergebnisse.
- Nach dem Zusammenschluss von Teams, Abteilungen, Bereichen oder Organisationen treffen verschiedene Kulturen, Arbeitsweisen oder Prozesse aufeinander. Es gilt eine neue, gemeinsame Arbeitsweise und Teamkultur zu etablieren, um wieder effizient zu sein.
- Führungskräfte wollen die Unterschiede und Vielfalt des Teams entdecken und gezielt nutzen.

Voraussetzungen für die Arbeit mit dem Modell sind, dass

- die Führungskräfte selbst die Diversity-Haltung einnehmen und bereit sind, zusammen mit den Mitarbeitenden eine gemeinsame Diversity-Kultur zu entwickeln – d. h. dass sie die Unterschiede als Ressource schätzen und diese nutzen wollen;
- die Teammitglieder eine Bereitschaft zur Veränderung des Bewusstseins und des Verhaltens mitbringen und sich Zeit nehmen, sich mit den unterschiedlichen Haltungen und Wechselwirkungen auseinanderzusetzen;
- das Team noch nicht zu stark in Konflikten verfangen ist und nur noch die Konfliktpunkte und die Fehler sieht;
- die Führung bzw. die Organisation bereit ist, Zeit in diesen Prozess zu investieren und an Haltung und Wechselwirkung zu arbeiten;
- ein Bewusstsein vorhanden ist, dass die veränderte Einstellung und Haltung zu Unterschiedlichkeiten des Teams sich mittelfristig auch auf die Unternehmenskultur auswirken wird – insbesondere, wenn mehrere Teams diesen Prozess durchlaufen.

Anforderungen an den Anwender bzw. die Anwenderin des Modells sind, dass sie

- ihre eigene Haltung, mentale Modelle und Werte reflektiert haben;
- über ausreichend Erfahrung mit Unterschiedlichkeiten verfügen;
- ein tief verwurzeltes Verständnis dafür haben, dass Wahrnehmungen unterschiedlich sind und dieses dem Team immer wieder deutlich machen können;
- in hohem Maße selbst über Diversity-Kompetenzen verfügen und in der Lage sind, ihre eigene Haltung immer wieder zu hinterfragen.

Außerdem sollten sie

- eigene Bewertungen in der Schwebe halten können und Bewertungen im Team frühzeitig erkennen und begrenzen;
- Konflikte aushalten können und ein Gefühl dafür haben, wann es wichtig ist, unterschiedliche Meinungen stehen lassen können, und wann eine gemeinsame Sicht nötig ist;
- sich immer wieder selbstkritisch hinterfragen und auch das Team zum Feedback auffordern.

Den Anwendern und Anwenderinnen empfehlen wir, dem Team die Gründe und die Ziele der Teamentwicklung klar zu kommunizieren und die eigene Rolle klarzustellen. Führungskräfte müssen dabei eindeutig formulieren, wann sie als Moderierende oder als Führungskraft agieren. Unterschiedliche Sitzplätze für die Rolle als Moderierende und als Führungskraft helfen, dies zu verdeutlichen.

2.4 Diversity-Kompetenz

Um Unterschiede in einem System zu managen, braucht es ein Bewusstsein für Unterschiede und eine Akzeptanz des anderen – oft Fremden.. Dies erfordert bei allen zunächst einmal die Bereitschaft zur Auseinandersetzung mit der eigenen Identität und derjenigen der anderen. Damit ist gleichzeitig eine Konfrontation mit der eigenen (kulturellen) Prägung verbunden. Diversity-Kompetenz kann also nur entwickelt werden, wenn man sich darauf einlassen kann, neue Seiten an sich selbst zu entdecken, die einem zunächst fremd sind.

Regina Hauser dokumentiert in ihrem Buch „Aspekte interkultureller Kompetenz" (2003) auf eindringliche Weise, wie schwer es oft ist, Unterschiede wahrzunehmen und sich diesen gegenüber erst einmal zu öffnen. Durch die Begleitung einer Gruppe von Managern und Beratern auf einer Lernexpedition in verschiedene Länder entwickelte sie ihre zentrale These, dass die Bewusstheit über die eigene kulturelle Identität einen wesentlichen Teil interkultureller Handlungskompetenz darstellt und diese Bewusstheit nur im Kulturkontakt entstehen kann.

Um das Potenzial der Vielfalt in einem Team nutzen zu können, ist es wichtig, dass auf der einen Seite die Führungskraft selbst die Diversity-Haltung einnimmt und auf der anderen Seite bereit ist, zusammen mit den Mitarbeitenden eine gemeinsame Diversity-Kultur zu entwickeln und im Team die Diversity-Kompetenzen weiter auszubilden.

Unter Diversity-Kompetenzen verstehen wir demnach die Kompetenzen, die die Mitglieder des Diversity-Teams haben oder entwickeln sollten, um die Unterschiedlichkeit als Ressource wertschätzen und nutzen zu können. Hierzu ist es notwendig, die Bereitschaft und Offenheit im Team zu fördern, Unterschiede überhaupt wahrnehmen, sehen und akzeptieren zu können. Dann erst kann gelernt werden, die Unterschiede fruchtbar zu machen.

Die wichtigsten Kompetenzen für die einzelnen Teammitglieder sind dabei aus unserer Sicht:

- Umgang mit Wahrnehmungen
- Empathische Kommunikation
- Sicherheit im Umgang mit sich selbst
- Ambiguitätstoleranz

Die Fähigkeiten, die es zu entwickeln gilt, im Einzelnen:

Der Umgang mit Wahrnehmungen umfasst die Fähigkeit zu erkennen, wie und warum Wahrnehmungen unterschiedlich sind und dass es verschiedene „Wahrheiten“ gibt. Dazu müssen die Beteiligten lernen, unterschiedliche Wirklichkeiten zu akzeptieren und nicht in Wahr-Falsch-Kategorien zu denken. Dazu gehört auch, sich immer wieder das eigene Nichtwissen und Nichtverstehen bewusst zu machen und sich auf die Darstellungen, Emotionen oder Bilder der anderen einzulassen sowie andere Standpunkte, Sichtweisen oder Vorgehensweisen nicht abzuwerten, sondern sogar Vorteile darin zu suchen.

Empathische Kommunikation darunter verstehen wir, einfühlsam mit sich und anderen zu sein (auch gegenüber Außenseitern). Dies geschieht durch Zuhören, Nachfragen und die Spiegelung von Verstandenem. Voraussetzung hierfür ist die Neugier auf andere Sichtweisen und darauf, wie andere die Welt erleben sowie ein positives Menschenbild, d. h. dem anderen per se gute Absichten zu unterstellen. Außerdem gehört dazu, sensibel zu sein für das, was mit der eigenen Reaktion bei anderen ausgelöst werden kann sowie in der Lage und bereit zu sein, Feedback zu geben und auch anzunehmen und eine eigene, abweichende Meinung konstruktiv zu vertreten.

Sicherheit im Umgang mit sich selbst liegt vor, wenn man sich über seine Identität und sein Selbstkonzept bewusst ist. Man kennt also die eigene Sozialisation, die eigenen kulturellen Normen und Werte sowie die eigenen Prägungen und mentalen Modelle und ist gleichzeitig bereit, sie zu hinterfragen. Es geht also um die Bereitschaft, alte Überzeugungen loszulassen, ständig neu zu lernen und Fremdes sowie die eigenen Möglichkeiten zu erkunden. Ein Bewusstsein für die eigenen Stärken und Schwächen – letztlich ein gutes Selbstwertgefühl – ist eine wichtige Voraussetzung dafür. Das zeigt sich dann auch in dem Mut, von sich persönlich zu sprechen, eigene Begrenzungen zuzugeben und Unterstützung anderer anzunehmen.

Ambiguitätstoleranz ist die Fähigkeit, Unterschiedlichkeiten aushalten zu können und in komplexen, schwierigen Situationen nicht abzuwerten, sondern offen zu bleiben, Ungeklärtes auch mal stehen zu lassen und Widersprüche zu dulden. Zur Ambiguitätstoleranz gehört es, Mehrdeutigkeiten zu akzeptieren und auf Eindeutigkeit zu verzichten (d. h., man lebt ein „sowohl als auch“ statt „entweder oder“). Eigene Fehler wie auch die der anderen werden toleriert. So ist man in der Lage, die Unterschiede fruchtbar zu nutzen.

Uns ist bewusst, dass für die Entwicklung der Diversity-Kompetenzen nicht nur ein Lernen von neuen, sondern auch ein Verlernen von alten Denk- und Verhaltensmustern notwendig ist. Das Denken in Stereotypen beispielsweise ist ein Teil unserer menschlichen Geschichte, und das Denken in Polaritäten (Schwarz-Weiß-Denken) ist ein wesentliches Merkmal unserer westlichen Kultur. Das Verändern der eigenen mentalen Muster und das Einführen einer Diversity-Kultur in einem Team ist eine erhebliche und anspruchsvolle Aufgabe. Es entstehen kraftvolle Momente, wenn es Menschen gelingt, Situationen und Begebenheiten vermehrt als „sowohl als auch“ betrachten zu können. Wenn Menschen sich einfühlsam miteinander verbinden, ist dies ein Beitrag zum friedvollen Zusammenleben und Zusammenarbeiten.

2.5 Unconscious bias – Unbewusste Denkmuster

Im Laufe unseres Lebens entwickeln wir eine große Vielfalt an bewährten Reaktionsmustern. Diese werden in unserem Erfahrungsgedächtnis archiviert und automatisch aktiviert, wenn eine Situation und auch der Umgang mit einer Person ein solches Reaktionsmuster antriggert. Wir verhalten uns also intuitiv nach einem bewährten Schema. Ein jederzeit reflektiertes, geplantes Verhalten ist eher die Ausnahme.

Der Psychologe und Nobelpreisträger Daniel Kahneman unterteilt in seinem lesenswerten Buch „Schnelles Denken, langsames Denken (Kahneman, 2011) unser Gehirn in zwei Systeme. System 1 ist schnell, intuitiv, emotional und reagiert quasi automatisch. System 2 beschreibt er als langsam, reflektiert, analytisch und .... „faul". Er belegt an zahlreichen Studien, dass – wann immer möglich und viel häufiger als wir das zunächst für möglich halten – System 1 einen Großteil unseres Verhaltens steuert.

Ein großer Nutzen dieser Vorgehensweise liegt auf der Hand. Unser Gehirn reduziert die vielen Informationen, die täglich auf uns einprasseln, und fasst sie in handhabbare Kategorien zusammen. Sie bieten uns Orientierung und Handlungssicherheit.

Gleichzeitig stellen diese im Unterbewusstsein angelegten Denkmuster jedoch auch selektive Filter der Wahrnehmung dar.

Unser Gehirn und damit unser Verhalten wird zu grossen Teilen von sogenannten Stereotypen bestimmt – ob wir das wollen oder nicht. Stereotypen sind etablierte Vorstellungen davon, wie sich eine bestimmte Personengruppe verhält und welche Eigenschaften diese Gruppe wohl ausmachen. Sie sind oft kulturell geprägt. Verschiedene Kulturen bringen also auch verschiedene Stereotypen mit sich. Wenn zu diesen Stereotypen eine Bewertung im Sinne von falsch/richtig oder gut/böse hinzukommt, sind wir unmittelbar im Feld der Vorurteile. Jede und jeder von uns trägt somit eine ganze Palette von potenziellen Vorurteilen in sich, die sich zudem unterhalb der Wahrnehmungsgrenze – eben im Bereich des unbewussten Denkens und Handelns – befinden.

Zu diesen unbewussten Denkmustern bzw. Stereotypen (Unconscious Bias) wird seit Jahren geforscht. Die Statistiken belegen eindeutig: Nicht nur das Geschlecht, auch die Hautfarbe, das Aussehen, die sexuelle Orientierung und die soziale Herkunft fliessen in die unbewusste Bewertung ein.

Zwei Beispiele aus dem Bereich des Gender Mainstreams (Haas/ Levy/ Trotier; 2015):

Wissenschaftlerinnen gelten als inkompetenter, ihre Forschung gilt als weniger bedeutsam, und sie werden seltener zitiert. Zu lesen in Chancengleichheit in Wissenschaft und Forschung, den die Gemeinsame Wissenschaftskonferenz (GWK) von Bund und Ländern für das Jahr 2014 veröffentlicht hat.

Und obwohl der Anteil der Absolventinnen der Kunst und Kunstwissenschaften in Deutschland bei 70 Prozent liegt, beträgt der Anteil der weiblichen Professorinnen im gleichen Bereich nur 29 Prozent. In den öffentlich geförderten Theatern und Opernhäusern gibt es gar nur 3 Prozent weibliche Intendantinnen. Das gilt sogar, wenn die Befragten explizit bekräftigten, keine Vorurteile zu haben und z. B. Frauenförderung wichtig zu finden.

Neben der Sensibilisierung durch geeignete Massnahmen des Diversity Managements empfehlen die zwei Verhaltensökonomen John Beshears und Francesca Gino von der Harvard Business School verhaltensökonomische Interventionen (Nudges) als Lösungsstrategie.(Beshears/ Gino, 2015)

Sie sagen, es sei Aufgabe von Managern eines Unternehmens, das Entscheidungsumfeld ihrer Mitarbeiter/-innen so zu modifizieren, dass die negativen Auswirkungen von kognitiven Fehlern auf Entscheidungsprozesse reduziert oder zumindest abgemildert werden.

Als Vorzeigebeispiel für gelungenes sogenanntes Behavioural Design gelten mittlerweile die Blind Auditions. Durch die Einführung eines blinden Auswahlverfahrens bei der Beurteilung von Bewerbenden auf Orchesterstellen wurde der Fokus der Jury auf das musikalische Können gerichtet und etwaige andere Faktoren, die das Urteil beeinflussen könnten, weitgehend unterdrückt.

Die Welt der klassischen Musik war bis vor Kurzem überwiegend in Männerhand. 1970 waren beispielsweise nur 5 Prozent der Mitglieder der Top-Five Orchester in den USA weiblich. Man glaubte, dass Frauen einfach nicht die physischen Eigenschaften hätten, um bestimmte Instrumente und Werke spielen zu können. Heute beträgt der Anteil an Frauen in den weltweit renommiertesten Orchestern bereits mehr als 35 Prozent.

Solche Veränderungen in Entscheidungsarchitekturen sollen helfen, Konventionen aufzubrechen und somit subjektive Entscheidungen zu entmachten.

2.6 Diversity-Teamentwicklung – die Erweiterung zur klassischen Teamentwicklung

Teams bzw. Gruppen sind heute integraler Bestandteil von Unternehmen und Organisationen. Und ihre Bedeutung nimmt nicht zuletzt durch die zunehmende Bedeutung von Agilität und sich selbststeuernden Teams weiter zu. Denn Produkte und Technologien werden komplexer, sodass sich die Anforderungen an effiziente Kommunikation, Koordination und Kooperation in und zwischen den Gruppen weiter erhöhen werden.

Unter Teamentwicklung verstehen wir einen automatisch verlaufenden, gruppendynamischen Prozess, den Arbeitsgruppen und Teams während ihres Bestehens phasenweise durchlaufen. Als aktiver, gesteuerter Prozess dient sie zur Verbesserung der Zusammenarbeit von Mitarbeitenden. Das Zusammenwirken und der Teamgeist werden gefördert, um die Arbeitseffizienz und Leistung des Teams zu steigern.

Oft werden dabei nicht nur die Kompetenzen einzelner Teammitglieder oder des ganzen Teams (z. B. Kommunikation und Konfliktfähigkeit) optimiert, sondern Strukturen der Zusammenarbeit neu geordnet. Das ist in unserem Verständnis die „klassische Teamentwicklung“. Sie schafft nicht nur ein stärkeres Wir-Gefühl sondern auch partizipative Arbeitsformen, die eine Identifikation mit den Unternehmenszielen erleichtern.

1991 haben Cox und Blake auf den Zusammenhang von Diversity, erhöhter Kreativität, Problemlösungskompetenz und besserer Teamperformance von heterogenen Gruppen hingewiesen. Dagegen gibt es Erkenntnisse darüber, wonach heterogene Teams aufgrund ihrer Vielfalt und des Umgangs mit dieser Vielfalt schlechtere Ergebnisse erreichen (Kandolla und Fullerton, 1998). Sie weisen zusätzlich auf die Tatsache hin, dass Teamerfolge nicht nur von der Vielfalt, sondern auch von Faktoren wie Dauer der Zusammenarbeit, Qualität der Ziele und der Fähigkeit des Teamleaders abhängen.

Unser Diversity-Teamentwicklungsmodell baut auf den Erkenntnissen der Gruppendynamik und der klassischen Teamentwicklung auf und bezieht die oben genannten Erkenntnisse mit ein. Die Entwicklung diverser Teams erfordert die besondere Fokussierung auf die Entwicklung der dargestellten Kompetenzen, die wir als Diversity-Kompetenzen beschrieben haben. Deren Entwicklung unterstützt nicht nur den erfolgreichen Umgang mit Vielfalt, sondern fördert außerdem die

Entwicklung der Elemente der klassischen Teamarbeit (der Teamverstärker nach Dave Francis und Don Young, 1989):

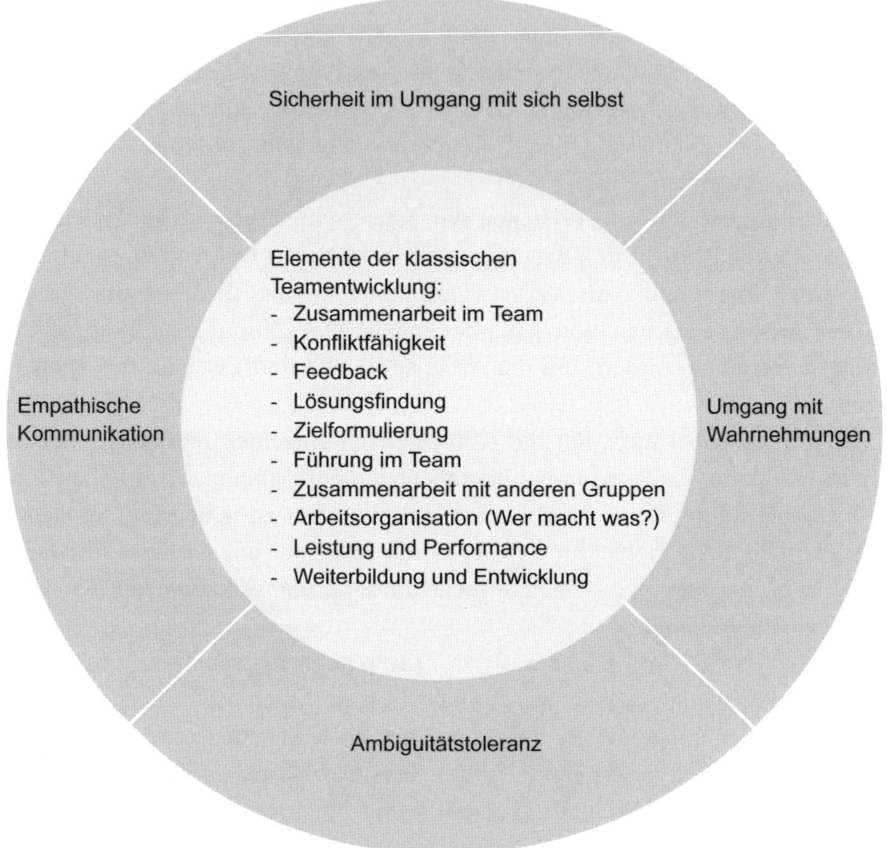

Kompetenzen der Diversity-Teamentwicklung

Aus unserer systemischen Haltung heraus betrachten wir Arbeitsgruppen als soziale Systeme, also handelnde Personen und Menschen, die ihre Wirklichkeit selbst konstruieren. Jedes Gruppenmitglied hat sich also ein eigenes Bild von der Wirklichkeit in der Arbeitsgruppe gemacht. Das Bild ist geprägt von der ganz persönlichen Werthaltung, die im Laufe der Sozialisierung entstanden ist. So kommt jedes Gruppenmitglied, nicht zuletzt auch durch aktuelle äußere Anlässe zu ganz individuellen Konstrukten.

In den Arbeitsgruppen entstehen daraus gemeinsame Grundannahmen und Regeln, nach welchen die Gruppe lebt, funktioniert und sich organisiert, und die wiederum auf die einzelnen Mitglieder rückwirken und deren Wahrnehmungen beeinflussen. Diese Grundannahmen haben eine besondere Bedeutung. Zum einen helfen sie, die Arbeitsgruppe und deren Situation besser zu verstehen. Andererseits kann sie sich selbst besser verstehen und sich bewusster mit sich selbst auseinandersetzen.

Das Erkennen von Grundannahmen und Gruppenregeln ist ein wichtiger Aspekt bei der Entwicklung von diversen Teams.

Das systemische Verständnis bedeutet auch, dass nicht der Einzelne, sondern das System, das Team im Mittelpunkt steht. Nicht das Individuum stellt das Problem dar, sondern es ist höchstens ein Symptomträger. Wenn also z. B. Unterschiede in einem Team nicht wahrgenommen werden, dann ist dieses Verhalten durch die Arbeitsgruppe ausgelöst – eine Regel, die sich das Team, wie auch immer, gegeben hat. Hierzu noch ein Beispiel: Wenn Vorurteile das Verhalten einer Person bestimmen und dadurch die Zusammenarbeit mit den anderen schwierig ist, die Person auch von den anderen „als problematisch“ gesehen wird, dann kann dies für die übrigen Teammitglieder sehr bequem sein. Es ist eine gute Möglichkeit, von sich selbst abzulenken und unkritisch mit sich selbst zu bleiben. Daher gilt es in der Teamentwicklung auch, Muster aufzudecken oder nach dem Nutzen von Zuständen zu fragen, will man eine nachhaltige Veränderung bewirken. Es ist die Aufgabe des Beraters, der Beraterin oder der Führungskraft, das Team dabei zu unterstützen, eine Veränderung zu initiieren und diese neue Situation im Kontext des gesamten Teams zu sehen.

Die bewusste Entwicklung eines Teams zeichnet sich durch ein durchdachtes Gesamtkonzept aus. Zentraler Bestandteil dabei ist das Diversity-Teamentwicklungsmodell. Hier ergeben die einzelnen Interventionen (Maßnahmen auf Basis unserer Hypothesen) ein Ganzes. Sie beeinflussen sich positiv und bauen aufeinander auf. Die Gestaltungsebenen dafür sind die Interventionsarchitektur und das Interventionsdesign.

Mit Interventionsarchitektur meinen wir die Gestaltung und Planung einer Teamentwicklung als Prozess. Dies stellt sicher, nicht den vierten Schritt vor dem ersten zu tun. Es geht dabei insbesondere um Ziele, Inhalte (in welcher Reihenfolge) und Rahmenbedingungen. Hier sind die Räume für den Teamentwicklungsprozess, die es auszufüllen gilt.

Unter Interventionsdesign verstehen wir die konkrete Ausgestaltung dieser Räume oder die inhaltliche, soziale, zeitliche und räumliche Gestaltung von Interventionen. Das Interventionsdesign im Rahmen der Diversity-Teamentwicklung orientiert sich an der Interventionsarchitektur und entsteht unter der Anwendung der „Reflexionsschleife“ (nach Königswieser und Exner, 1999).

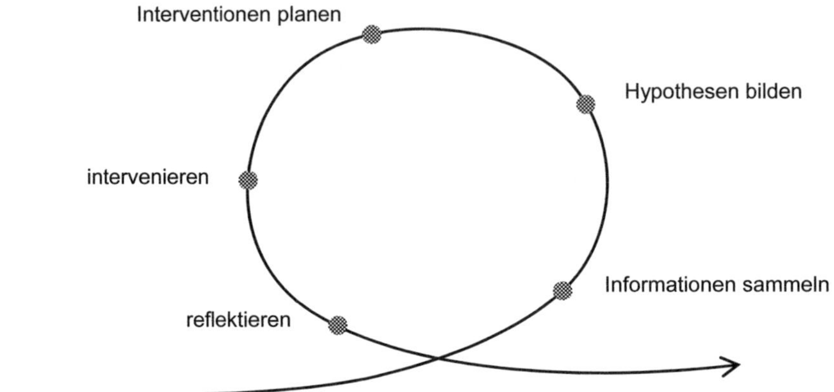

Reflexionsschleife nach Königswieser/Exner

Das Design entsteht mit der Informationsbeschaffung. Dabei ist es notwendig, verschiedene Blickwinkel einzunehmen. Hypothesen – die zentralen Annahmen aufgrund der vorliegenden Informationen – sind die Basis für die Planung der Interventionen und deren Umsetzung. Und doch gibt es einen Unterschied:

Im Mittelpunkt der Betrachtung der systemischen Teamentwicklung liegt das System, das Team. In der Diversity-Teamentwicklung wird dieser Blick ergänzt durch die Betrachtung der einzelnen Personen im Team, deren Haltung, deren Unterschied zu anderen und deren Beitrag zum Ziel.

2.7 Diversity-Teamentwicklung als Führungsinstrument?

Ausgangspunkt für Diversity Management sind Unternehmensziele – strategische Eckdaten, die zu einer erfolgreichen Entwicklung des Unternehmens führen. Sie werden zumeist von der Geschäftsführung oder einem erweiterten Geschäftsführungskreis beschlossen, geben Orientierung und sind Motor für die gesamte Organisation, die aufgefordert ist, ihren Beitrag dazu zu leisten. Für Führungskräfte heißt es dann, gemeinsam mit ihrem Team Wege und Möglichkeiten zu finden, wie der Beitrag des Teams zum Gesamtziel am besten erreicht werden kann. Daher müssen die Teammitglieder so geführt werden, damit beim Einzelnen und im Team eine Dynamik entsteht, diese Ziele und Resultate auch wirklich zu erreichen – eine nicht ganz leichte Aufgabe, wie wir aus vielen praktischen Erfahrungen wissen.

Führungskräfte benötigen neben ihrer fachlichen Kompetenz die Fähigkeit, aus einer Gruppe von Mitarbeitenden ein Team zu formen. Nach dem wissenschaftlich anerkannten Verhaltensmodell für Führungskräfte von Blake und Mouton (1986) gehört es zur Aufgabe von Führungspersonen, sich und die Mitarbeitenden so in Beziehung zueinander zu bringen und so zu führen, dass die gewünschten Teamergebnisse erreicht werden. Gelingt dies, wurde zweifellos – bewusst oder unbewusst – auch an der Entwicklung der Gruppe zum Team gearbeitet.

Der bewusste Umgang mit Vielfalt, den Unterschieden und Ähnlichkeiten in einem Team ist eine neue, zusätzliche Kompetenz in der Teamentwicklung. Besonders für die Führungskräfte, die in der Vergangenheit im Grad des Wirgefühls den Indikator für ein gutes Team sahen, ist dies eine neue Herausforderung. Denn nun sollen alle vorhandenen Ressourcen entdeckt werden – auch und insbesondere die Unterschiede. Sie müssen so eingesetzt werden, dass sie für das Team einen höchstmöglichen Nutzen darstellen. Dies macht es notwendig, sich mit den Individuen im Team auseinanderzusetzen. Für den Leiter eines international besetzten Teams scheint es naheliegend zu sein, sich mit den Unterschieden und Ähnlichkeiten in seinem Team zu beschäftigen. Jedoch meinen wir mit Vielfalt nicht nur (wie in diesem Fall) die unterschiedliche Nationalität, sondern auch alle anderen Unterschiede und Ähnlichkeiten, welche die Menschen mitbringen und die sie blockieren oder beflügeln. Deshalb wird auch der Leiter eines Vertriebsteams, das mit Mitarbeitenden einer Nation oder einer Region besetzt ist, erstaunt sein, welche Möglichkeiten er für sein Team entdecken kann, sobald er die Vielfalt exploriert, herausarbeitet und bespricht. In beiden Fällen ist es die Einzigartigkeit der Menschen, die sich widerspiegelt in ihrer Ausbildung, ihrer Erfahrung, ihren sonstigen Fähigkeiten und Fertigkeiten, in ihren Einstellungen und Werthaltungen. Darin liegen Chance und Risiko: die Chance, den Reichtum eines Teams zu entdecken, Blockaden zu erkennen, neue Perspektiven zu öffnen, zusätzliche Kompetenzen zu finden und Synergien herzustellen. Aber auch das Risiko, dass die entdeckte Vielfalt die Zusammenarbeit im Team behindert, weil sie von anderen gar nicht oder nur wenig wertgeschätzt werden.

Führungskräfte fragen sich, ob sie selbst als Teamentwickler agieren und ob sie das Diversity-Teamentwicklungsmodell selbst anwenden können. Natürlich sind Führungskräfte in allererster Linie auch Teamentwickler, es empfiehlt sich jedoch, auf nachfolgende Voraussetzungen zu achten:

Vertrauensverhältnis im und zum Team

Die Arbeit mit der Vielfalt im Team erfordert von allen Teammitgliedern eine Bereitschaft, sich zu zeigen und zu öffnen. Dies fällt sehr viel leichter, wenn das Klima von Vertrauen geprägt ist. Führungskräfte sollten sich deshalb fragen, wie sie selbst das Vertrauensverhältnis innerhalb des Teams und von Mitgliedern zu sich einschätzen.

Sofern Bedenken bestehen, ist es sicherlich hilfreicher eher über vertrauensbildende Maßnahmen (siehe Kapitel 3 Methoden) im Team als über Maßnahmen zur Entwicklung von Vielfalt nachzudenken. Dies kann zu einem späteren Zeitpunkt erfolgen.

Wertschätzende Grundhaltung gegenüber Teammitgliedern und Unterschieden

Führungskräfte sollten ein klares Bild darüber haben, welche Einstellung sie selbst zu ihren Teammitgliedern haben und wie sie selbst auf Unterschiede im Sinne von „anders sein“ reagieren. Ähnlich wie ein Archäologe, der durch behutsames Vorgehen Entdeckungen freilegen will, erfordert der Umgang mit den Teammitgliedern Feingefühl und Freude auf das, was im Team sichtbar wird: Die Mitarbeitenden erkennen Wertschätzung in einem respektvollen Umgang der Führungskraft mit Teammitgliedern und -situationen. Sie fühlen sich dann nicht weniger wert, wenn sie anders agieren als andere oder in der Erledigung ihrer Aufgabe Fehler gemacht haben. Wertschätzung führt letztlich zu einem Klima des Vertrauens, das wichtig ist für die Bereitschaft der Mitarbeitenden, ihre Vielfalt zu offenbaren.

Konfliktfähigkeit

Eine wichtige Voraussetzung ist die Fähigkeit, Konflikte aushalten zu können. „Unterschiede herauszuarbeiten“ bedeutet immer, ein anders sein, eine Abweichung von etwas anderem zu entdecken. Es ist nicht von Vornherein bekannt, welche Wirkung diese auf das Team hat. Es wird Unterschiede geben, die von einigen als etwas Wertvolles für das Team und für die Zielerreichung angesehen werden. Bei anderen können Vorbehalte und Blockaden vorhanden sein. Mitarbeitende haben ihre eigene Wahrnehmung und Erfahrung und bewerten deshalb unterschiedlich. Dadurch entstehen Konfliktsituationen, die im Wesentlichen nichts Bedrohliches enthalten. Dies aber auch so wahrzunehmen, bedeutet Konflikte akzeptieren, aushalten und auflösen zu können. Hier liegt ein Entwicklungspotenzial für Führungskräfte, die bisher überwiegend auf die Gemeinsamkeiten und das Wirgefühl fokussiert waren und die dazu neigen, Unterschiede im Team auszublenden und die Individualität des Einzelnen nicht ausreichend zu beachten.

Bereitschaft zur Reflexion

Mit dieser Voraussetzung verbinden wir zum einen die Forderung, sich selbst und sein Verhalten infrage stellen zu können, und gleichzeitig die Notwendigkeit, aus den Erkenntnissen zu lernen, Konsequenzen zu ziehen und zu verändern. Dies ist nur möglich, wenn Führungskräfte sich selbst als lernende und sich entwickelnde Person begreifen, selbst Rückmeldungen erfahren haben und die damit verbundenen Emotionen aus eigener Erfahrung kennen. Führungskräfte, die diese Bereitschaft mitbringen, wissen um ihre „blinden Flecke“, die es zu entdecken gilt. Sie sehen in den Rückmeldungen anderer ein soziales Geschenk, das ihnen die eigene Entwicklung ermöglicht. Sie wirken dadurch auf Teammitglieder authentisch und glaubwürdig.

Nach unserem Verständnis ist die Führungskraft Bestandteil des Teams. Sie schwebt also nicht über dem Team, sondern steht mittendrin. Sie trägt ihren Teil dazu bei, dass Teamziele erreicht werden. Als Teammitglied nimmt sie viele Dinge aus dieser Perspektive wahr. Die Einnahme eines neutralen Standpunkts wird deshalb oftmals schwierig. Doch gerade dieser Standpunkt ist dann besonders wichtig, wenn die Führungskraft selbst Konfliktpartner ist oder Themen entdeckt, die ihr Schwierigkeiten bereiten und an denen sie selbst arbeiten muss. In diesem Fall erreicht die Führungskraft die Grenzen als Teamentwickler des eigenen Teams. Es empfiehlt sich dann, eine neutrale Person mit der Entwicklung zu beauftragen.

Begreift sich die Führungskraft als Teil ihres Teams, dann sollte sie nach dem Modell der Diversity-Teamentwicklung

- sich selbst und ihre Teamentwicklungskompetenzen zusammen mit dem Team entwickeln,
- sich der eigenen Rolle bewusst sein, in der sie ist, wenn sie mit dem Team an diesem Thema arbeitet (Moderierende oder Führungskraft?),
- auf Überraschungen gefasst sein, denn sie kann Themen entdecken, die auch für sie neu oder schwierig sind,

- Grenzen akzeptieren, das Team in seiner Vielfalt zu entwickeln, dort wo sie selbst Schwierigkeiten hat und involviert ist.

Es gibt gute Gründe für Führungskräfte, das Modell anzuwenden und als Führungsinstrument zu nutzen – insbesondere bei langjähriger Erfahrung in der Führung erfolgreicher Teams sowie mit der Fähigkeit, gruppendynamische Prozesse zu erkennen und adäquat zu bearbeiten und wenn die beschriebenen Diversity-Kompetenzen vorhanden sind. In den Fällen, in denen dies nicht zutrifft, sich Führungskräfte unsicher im Bezug auf Vielfalt fühlen, die genannten Rahmenbedingungen nicht zutreffen, ist es sicherlich sinnvoll und hilfreich, einen externen Berater, eine externe Beraterin zu engagieren.

2.8 Chancen – Grenzen – Stolpersteine

Aus unserer Erfahrung in der Anwendung des Modells und aufgrund von Rückmeldungen anderer, die in Teamentwicklungsprozessen damit gearbeitet haben, lassen sich folgende Chancen, Grenzen und Stolpersteine herauskristallisieren:

Chancen und Möglichkeiten des Modells

In Konfliktsituationen ermöglicht der Fokus auf die Unterschiedlichkeiten, die Konfliktebene zu wechseln. Konfliktpunkte, die nur auf der Beziehungsebene ausgetragen werden, erhalten eine Versachlichung, sodass Lösungsansätze auf der Sachebene möglich sind. Das Modell wagt, mit Haltungen zu arbeiten. Menschen möchten im Lernen des Akzeptierens weiterkommen und sind heute dazu bereit, daran zu arbeiten. Mit dem pointierten Fokus auf die Wahrnehmung der Unterschiede werden diese nicht nur klarer, sondern lassen sich so auch nach Relevanz ordnen. Die Individualität der Einzelnen kommt auf diesem Wege mehr hervor, besonders im positiven Sinne. Es gelingt, vermehrt die Stärken zu sehen und daraus Nutzen zu gewinnen. Da die Unterschiede ein Faktum sind, laden sie dazu ein, Lösungen zu finden anstelle Lösungen zu verhindern. Mit der Fokussierung auf die Unterschiedlichkeiten kann der Mythos „Wir sind alle gleich!“ aufgelöst werden.

Die Chancen liegen in der Inspiration, der anderen Sichtweise, in der differenzierteren Betrachtungsweise, im Interessanterwerden der Arbeit überhaupt. Die Haltung „Es darf Unterschiede geben!“ wird als Vielfalt und Wertschätzung erlebt. Die eigenen Ressourcen werden gerne zur Verfügung gestellt. Ein „Nein, nicht schon wieder die!" kann sich verwandeln in „Es ist eben ein Unterschied.". Dieses Aushalten von Unterschiedlichkeiten kann für Teams, die Harmonie als einen wesentlichen Wert betrachten, eine bereichernde Erfahrung im Sinne von „Unser Team hält trotzdem!" sein.

Grenzen beim Einsatz des Modells

Diversity-Teamentwicklung eignet sich nicht für Teams, deren Konflikt bereits so stark eskaliert ist, dass nur noch Fehler gesehen werden. Das Ringen um gegenseitiges Verstehen kann viel Zeit und Energie binden. Menschen, die genau wissen, was gut und falsch ist, werden mit dem Modell Mühe haben. Der Einsatz des Modells bedingt das Eingeständnis, dass es viele Wahrheiten gibt. Der Weg zu dieser Erkenntnis kann schon ein Prozess für sich sein. Das Modell bedingt das Arbeiten auf zwei Bewusstseinsebenen: Meine Welt ist die richtige (Ebene der Identität), und es gibt noch andere richtige Welten (Ebene der Relativität). Die menschliche Sehnsucht nach Einfachheit und Überschaubarkeit ist der fortwährenden Auseinandersetzung mit der Komplexität von Unterschiedlichkeiten entgegengesetzt.

Stolpersteine

Ein Störfaktor ist die fehlende Bereitschaft des Teams, Zeit zur Arbeit an der Haltung aufzuwenden (insbesondere bei hohem Zeitdruck) oder generell an seiner Haltung zu arbeiten. Auch schauen Teams oft lieber auf Gemeinsamkeiten und Ähnlichkeiten als auf Unterschiede, die eher Angst machen. Es fehlt dann häufig die Einsicht in die Sinnhaftigkeit einer Auseinandersetzung mit Unterschieden. Die Bedeutung von Vertrauen haben wir an anderer Stelle mehrfach dargestellt. Fehlendes Vertrauen in die Teammitglieder und/oder in die Führung verhindert, dass Unterschiede und Ähnlichkeiten offenbart werden können. Auch ist es für die Führungskraft oft nicht möglich, eine neutrale Position in der Rolle der Teamentwicklung einzunehmen, gerade wenn sie selbst aus unterschiedlichsten Gründen involviert ist.

3 Methoden

3.1 Einführung

Unser Anliegen war es, ein Praxisbuch zur Diversity-Teamentwicklung zu schreiben. In dem folgenden Methodenteil finden Sie nun Übungen und Hilfestellungen, um mit Diversity-Teams nach unserem Modell zu arbeiten. Bei allen Einheiten haben wir per Ankreuzen definiert, in welchem Feld unseres Modells sie gut einsetzbar sind und welche Diversity-Kompetenz damit entwickelt wird.

Eine Übersicht (Kapitel 3.2) bietet die vorangestellte Tabelle mit einer Auflistung der Diagnosetools (Kapitel 3.3) sowie der Übungen (Kapitel 3.4). Die Diagnosetools bieten Ihnen Beobachtungsraster zur Selbst- und Fremdeinschätzung, sodass sich die Bereiche, an denen Sie schwerpunktmäßig arbeiten sollten, herauskristallisieren. Möchten Sie eigene Übungen konzipieren, finden Sie Unterstützung durch Leitfragen in Kapitel 3.5.

Wir wünschen Ihnen viel Spaß und gutes Gelingen beim Anwenden und Entwickeln!

3.2 Übersicht Diagnosetools

Diagnosetools und andere Hilfestellungen	Eignet sich für die Felder:				Bestimmt die Kompetenzen:			
	Haltung	Wechselwirkung	Ziele	Resonanz	Umgang mit Wahrnehmungen	Empathische Kommunikation	Sicherheit im Umgang mit sich selbst	Ambiguitätstoleranz
Beobachtungsraster Diversity-Teamentwicklungsmodell	x	x	x	x				
Selbsteinschätzung Diversity-Kompetenzen					x	x	x	x
Beobachtungsraster nach dem Milton-Bennett-Modell					x	x	x	x
Beobachtungsraster für die Teamentwicklungsphasen nach Tuckman	x	x	x	x				
Leitfragen für die Felder des Modells	x	x	x	x				

3.3 Diagnosetools

3.3.1 Beobachtungsraster des Diversity-Teamentwicklungsmodells

Der Beobachtungsraster ist eine Diagnosemethode, die im Team als Standortbestimmung zu Diversity genutzt werden kann – sowohl von den Führungskräften als auch von den Teammitgliedern oder von Beratern und Beraterinnen (zum Beispiel als Leitfaden für Interviews).

Die Einschätzungen geben Hinweise dazu, in welchem Feld sich das Team befindet, in welchen Feldern das Team stark ist, wo allenfalls Handlungsbedarf besteht oder wo Interventionen zur Optimierung ansetzen können. Die nachfolgenden Übungen (Kapitel 3.4.) zeigen, wie dies praktisch umgesetzt werden kann.

Bewertungsskala: Die Skala reicht von 1 (trifft nicht zu) bis 4 (trifft voll zu).

Beobachtungsraster Haltung

Bewertung:	1	2	3	4
Im Team werden Unterschiede wahrgenommen.				
Unterschiede im Team werden akzeptiert „Du darfst anders sein“.				
Die eigene Haltung im Umgang mit Unterschiedlichkeiten wird reflektiert.				
Den Teammitgliedern ist bekannt, welches Verhalten das Nutzen der Vielfalt behindert oder unterstützt.				
Die Teammitglieder kennen die eigene Vielfalt (Qualitäten, Fähigkeiten, Stärken und Schwächen).				
Die Teammitglieder kennen die Vielfalt (Qualitäten, Fähigkeiten, Stärken und Schwächen) der anderen.				
Die Teammitglieder kennen weitgehend ihre Vorlieben und Abneigungen, ihre Vorurteile und Bewertungen.				
Es findet eine gemeinsame Auseinandersetzung zu den eigenen Werten und derjenigen des Unternehmens statt.				
Die Werte „Akzeptanz von Unterschiedlichkeiten“ und „Nutzen der Vielfalt“ sind zu verbindlichen Werten erklärt und werden im Arbeitsalltag gelebt.				
Die eigene Vielfalt wird bewusst eingesetzt.				
Die Teammitglieder werden unterstützt, ihre Ressourcen einzubringen.				

Beobachtungsraster Wechselwirkung

Bewertung:	1	2	3	4
Die Unterschiedlichkeiten werden gelebt.				
Das Team erkennt die Potenziale der Unterschiede.				
Schritte zum Nutzen der Vielfalt und der Unterschiede sind entwickelt und vereinbart.				
Es ist geklärt, wo und wann der Einzelne individuell vorgehen darf und/oder wo und wann ein gleiches Vorgehen notwendig ist. Spielräume und Verbindlichkeiten sind festgelegt.				
Die Unterschiedlichkeiten werden gezielt genutzt.				
Es sind Strukturen vorhanden, die Austauschprozesse über Unterschiede und Ähnlichkeiten ermöglichen.				
Die Teamkultur lässt der Vielfalt Raum, damit sie sich entwickeln kann.				
Die Teamkultur wird gemeinsam entwickelt und zwischen den Identitätsgruppen und den Individuen ausgehandelt.				
Im Team können die Vorteile von Andersartigkeit erfahren/erlebt werden.				
Die Identität des Teams lässt Vielfalt zu.				
Die Wechselwirkungen werden reflektiert.				

Beobachtungsraster Ziel

Bewertung:	1	2	3	4
Ein gemeinsames Verständnis des Zieles ist vorhanden.				
Das Ziel steht im Mittelpunkt des gemeinsamen Handelns.				
Die Ziele ermöglichen es, die Potenziale aller einzubeziehen.				
Das gemeinsame Anstreben der Ziele unterstützt das Entwickeln der Teamidentität.				
Die für die Zielerreichung relevanten Unterschiede/Stärken sind benannt, festgelegt und vorhanden.				
Die Vielfalt im Team wird nicht als potenzielle Störung erlebt, sondern stiftet Sinn im gemeinsamen Tun.				
Die unterschiedlichen Beiträge der verschiedenen Berufsgruppen zur Zielerreichung werden als gleichwertig betrachtet.				
Der Beitrag des Einzelnen zum guten Gelingen des gemeinsamen Zieles ist bekannt.				
Die Unterschiede, die zu einer besonders guten Lösung beitragen können, sind stimuliert.				
Die Aufgabenstellung ist unter der Nutzung der vorhandenen Unterschiedlichkeiten besser zu lösen als mit konventionellen Vorgehensweisen.				

Beobachtungsraster Resonanz

Bewertung:	1	2	3	4
Die Synergien der Vielfalt werden gezielt genutzt.				
Das Team zeichnet sich durch eine große Bandbreite unterschiedlicher Verhaltensweisen und Meinungen aus, die auf das gemeinsame Ziel ausgerichtet sind.				
Das Team ist derart zusammengesetzt, dass die unterschiedlichen Ausprägungen einen Nutzen bringen.				
Die Unterschiede wirken sich positiv auf das Ergebnis aus.				
Der zur Verfügung stehende Spielraum wird genutzt.				
Die Teammitglieder sind fähig, im Dialog miteinander zu kommunizieren.				
Die Teammitglieder begegnen sich mit einer neugierigen Haltung.				
Die Bereitschaft ist vorhanden, sich einen Überblick über alle im Team vorhandenen Denkwelten zu verschaffen.				
Durch die gegenseitige Wertschätzung verfügt die Gruppe über ein hohes Maß an Kreativität.				

3.3.2 Selbsteinschätzung von Diversity-Kompetenzen

Der Fragebogen kann zur Einschätzung der eigenen Diversity-Kompetenzen oder derjenigen der anderen genutzt werden. Dies gilt sowohl für Führungskräfte als auch für einzelne Teammitglieder, das Team als Gesamtes oder für Berater und Beraterinnen. Die Einschätzungen geben Hinweise dazu, wo die einzelne Person stark ist und wo Entwicklungspotenzial vorhanden ist. Das Entwicklungspotenzial kann in Lernziele umformuliert werden und somit auch in Mitarbeitergespräche eingebaut werden. Bei der Nutzung des Fragebogens für die Einschätzung anderer oder des Teams wird die Formulierung entsprechend geändert.

Bewertungsskala: Die Skala reicht von 1 (trifft nicht zu) bis 4 (trifft voll zu).

Umgang mit Wahrnehmungen – erkennen wie und warum Wahrnehmungen unterschiedlich sind

Bewertung:	1	2	3	4
Ich habe das Bewusstsein, wie und warum Wahrnehmungen unterschiedlich sind.				
Ich kann Bewertungen (wahr/falsch) reduzieren.				
Ich bemühe mich ernsthaft darum, unterschiedliche Wirklichkeiten zu akzeptieren.				
Ich bin mir des eigenen Nichtwissens und Nichtverstehens bewusst.				
Ich lasse mich auf die Darstellungen, Emotionen, Bilder der anderen ein.				
Ich werte andere Standpunkte, Sichtweisen, Vorgehensweisen nicht ab, sondern suche die Vorteile darin.				

Empathische Kommunikation – einfühlsam mit sich und anderen sein

Bewertung:	1	2	3	4
Ich höre zu, frage nach, spiegle Verstandenes zurück.				
Ich bin offen für andere Sichtweisen und dafür wie andere die Welt erleben.				
Ich kann eine eigene, abweichende Meinung konstruktiv vertreten.				
Ich besitze Einfühlungsvermögen in andere (auch Außenseiter-) Positionen.				
Ich bin sensibel für das, was ich mit meiner Reaktion bei anderen auslösen kann.				
Ich beziehe andere ein.				
Ich kann Feedback geben und annehmen.				
Ich habe ein positives Menschenbild und unterstelle dem anderen per se gute Absichten.				

Sicherheit im Umgang mit sich selbst – Bewusstsein über Identität und Selbstkonzept

Bewertung:	1	2	3	4
Ich habe ein Bewusstsein für die eigene Sozialisation, die eigenen kulturellen Normen und Werte.				
Ich bin in der Lage, die eigenen Normen und Werte zu hinterfragen.				
Ich habe die Bereitschaft, alte Überzeugungen loszulassen.				
Ich kenne meine eigenen Prägungen und mentale Modelle.				
Ich habe ein Bewusstsein für eigene Stärken/Schwächen und ein gutes Selbstwertgefühl.				
Ich kann eigene Begrenzungen zugeben.				
Ich kann die Unterstützung anderer annehmen.				
Ich spreche von mir selber.				
Ich bin bereit zu ständigem Lernen und zu immer wieder neuem Erkunden des Fremden und meiner eigenen Möglichkeiten.				

Ambiguitätstoleranz – Unterschiedlichkeiten aushalten können

Bewertung:	1	2	3	4
Ich halte komplexe, schwierige Situationen aus und bleibe offen.				
Ich akzeptiere Ungeklärtes, lasse es stehen , ich dulde Widersprüche, kann mit Brüchen leben.				
Ich akzeptiere Mehrdeutigkeiten, verzichte auf Eindeutigkeit.				
Ich ersetze „Entweder – oder“ durch „sowohl als auch“.				
Ich mache Unterschiede gegenseitig fruchtbar (anstatt sie abzuwerten).				
Ich toleriere Fehler bei mir und anderen.				

3.3.3 Beobachtungsraster für die Phasen des Milton-Bennett-Modells

Dieser Beobachtungsraster kann eingesetzt werden, um das Stadium der Bewusstheit gegenüber Unterschieden zu definieren. Er eignet sich sowohl zur Selbsteinschätzung zu unterschiedlichen Begebenheiten und Situationen als auch zur Bestimmung der Bewusstheit als Gesamtes in einem Team. Er gibt Hinweise, wo allenfalls Handlungsbedarf zum Umgang mit Unterschieden besteht und wo Interventionen zur Optimierung ansetzen können.

Die einzelnen Stadien der Bewusstheit gegenüber Unterschieden:

Verleugnen Stadium 1	- Es herrscht kein Interesse an anderen Kulturen und Unterschieden. Sie machen eher Angst, man unterhält sich nur mit den Teammitgliedern der eigenen Kultur und Gruppe. - Andere Kulturen werden vermieden.
Verteidigen Stadium 2	- Die eigene Kultur wird als die einzig gute angesehen, das andere wird abgewertet. Man unterhält sich zwar mit den Mitgliedern der anderen Gruppe, aber andere Verhaltensweisen und Werte werden nicht verstanden und als falsch abgewertet. - Kulturelle Unterschiede werden als Gefahr gesehen und mit eigenen Maßstäben bewertet. - Es gibt viele Stereotype und die anderen werden durch diese Brille gesehen.
Verkleinern Stadium 3	- Kulturelle Unterschiede werden zwar gesehen, aber als unbedeutend abgetan („wir Menschen sind im Grunde alle gleich"). Andere Kulturen werden entweder romantisch verklärt oder vereinfacht – eher einseitig gesehen, wie ein stereotypisches Bild. - Menschen in dieser Stufe erwarten Ähnlichkeiten und korrigieren andere, sodass sie diesen Erwartungen entsprechen – oft verpackt als „wohlmeinender Ratschlag", wie der andere sich verhalten sollte.
Akzeptieren Stadium 4	- Die eigene Weltsicht wird als relatives kulturelles Konstrukt angesehen und lediglich als eine von vielen ebenso komplexen Weltsichten gesehen. - Unterschiede in Verhalten, Sprache und verbalen und nonverbalen Kommunikationsstilen werden wahrgenommen und respektiert – ebenso wie unterschiedliche Werte. - Man kennt die eigenen Scheuklappen, das Interesse am anderen wächst, man erfragt die anderen Sichten und Werte, weiß aber noch nicht, wie man damit umgehen soll.
Adaptieren Stadium 5	- Man ist in der Lage, sich auf Menschen anderer Kulturen zu beziehen, mit ihnen effektiv zu kommunizieren und auf unterschiedliche Weltsichten angemessen zu reagieren. - Es herrschen gegenseitiges Verstehen und Akzeptieren sowie hohe Empathie – ein erfolgreiches Umgehen mit den Unterschieden. - Man reflektiert den eigenen Umgang mit anderen Kulturen. Regelmäßiges Feedback sowie Abfragen der Wirkung bzw. Bedeutung sind unerlässlich.
Integrieren Stadium 6	- Die Herkunftskultur gilt nicht mehr als Bezugssystem. - Man verfügt über viele Möglichkeiten, Perspektiven zu wechseln und unterschiedliche Weltsichten zu integrieren. - Diese Stufe wird fast nur von Menschen erreicht, die in mehreren Kulturen groß geworden sind.

3.3.4 Beobachtungsraster für die Teamentwicklungsphasen nach Tuckman

Dieser Beobachtungsraster dient dazu zu erkennen, in welcher Phase des Teamprozesses sich das Team gerade befindet. Er gibt Hinweise, mit welchen Verhaltensweisen die Führungskräfte das Team im Prozess unterstützen können.

Forming	- Umgang sehr vorsichtig, von Höflichkeit geprägt - Small Talk, reden über allgemeine Dinge - Informationen werden eher zurückgehalten - Verschlossenheit im Zeigen von Gefühlen und Meinungen - Einzelne Beziehungen werden aufgebaut. - Die Gruppe ist stark auf den Leiter fixiert und fordert von ihm Führung ein, während Beiträge von anderen Teammitgliedern wenig beachtet werden. - Individuelle Rollen, Rechte, Interessen, Zuständigkeiten usw. sind unklar. - Es gibt noch keine definierten Arbeitsabläufe und Spielregeln bzw. sie sind noch nicht allgemein akzeptiert. - Die Teammitglieder testen ihre Möglichkeiten und die Autorität des Leiters aus. - Betonung der Gemeinsamkeiten
Storming	- Das Team trifft nur sehr schwer Entscheidungen. - Selbstdarstellung der Einzelnen („wie effektiv, kompetent, wichtig ich bin") - Normen und Regeln werden infrage gestellt. - Auch der Leiter kann in Frage gestellt und herausgefordert werden. - Das Ziel wird zunehmend klarer. Aber es bestehen noch viele Unklarheiten, vor allem über die Lösungsmöglichkeiten. - Es bilden sich Cliquen und Fraktionen, die sich in gegenseitigen Grabenkämpfen blockieren. - Kampf um Macht und Status - Häufige Polarisierung der Meinungen (Differenzierung, entweder – oder) - Emotionale Ablehnung der Aufgabenanforderungen - Delegation bei schwierigen Entscheidungen an die Leitung; Projektionen auf die Leitung, wenn es Schwierigkeiten gibt - Unterschiede werden entdeckt und eher betont

Norming	- Wertschätzung und gegenseitige Akzeptanz der Teammitglieder - Rollen, Verantwortlichkeiten, Hierarchien, Aufgaben, Spielregeln usw. kristallisieren sich heraus und werden allgemein akzeptiert. - Das Team trifft größere Entscheidungen gemeinsam, kleinere Entscheidungen werden an Einzelpersonen oder Untergruppen delegiert. - Die Verpflichtung gegenüber dem Ziel nimmt zu - Offener Austausch von Meinungen und Gefühlen - Kooperation entsteht - Andere Ideen werden akzeptiert. - Die Rolle des Leiters ist klar und wird akzeptiert, er kann sich auf Moderation und die Vertretung nach außen beschränken - Entwicklung von gegenseitiger Unterstützung und Gruppenkohäsion, Wirgefühl (Gruppenkultur) – auch gemeinsame Freizeitaktivitäten sind möglich - Widerstand, Konflikte, Projektionen werden abgebaut bzw. bereinigt – eher Harmoniestreben - z. T. Übernahme neuer Rollen und Aufgaben - Manchmal: Elitedarstellung nach außen, Idealisierung und Höhenflüge
Performing	- Konstruktive Aufgabenbearbeitung und Zusammenarbeit - Die Energie wird ganz der Aufgabenstellung bzw. Problemlösung gewidmet. - Jedes Mitglied ist sich seiner Verantwortung für das gemeinsame Ziel bewusst und handelt danach. - Meinungsverschiedenheiten und Konflikte werden innerhalb der gefundenen Strukturen und Regeln gelöst. - Das Team arbeitet weitgehend selbstständig und tritt auch nach außen klar für sein Vorhaben ein. - Der Leiter hat im Wesentlichen koordinierende Funktion und sorgt dafür, dass alle Mitglieder optimal ihre Aufgaben erfüllen können. - Diese unterstützen sich gegenseitig und fordern bei Bedarf aktive Unterstützung von der Leitung ein. - Unterschiede werden genutzt, Individualität wird sichtbar. - Kreativität und ungewöhnliche Lösungen - Teammitglieder lernen voneinander. - Lob und Kritik, Feedback, offene Gespräche, Spaß miteinander sind normal - Umschreiben, wahrnehmen, überprüfen als Kommunikationsmittel werden selbstverständlich. - Interpersonelle Probleme sind gelöst (Nähe möglich). - Funktionale Aufgabenverteilung

3.4 Leitfragen

Die Sammlung möglicher Fragen zu den einzelnen Feldern dient als Anregung für die Konzeptionierung eigener Übungen, für die Diskussion im Team und/oder für die Auswertung eigener Übungen:

Haltung (Feld 1)

- Was wäre, wenn wir alle gleich wären?
- Wie stehen wir zu unserer Unterschiedlichkeit?
- Welche bereiten uns Freude, inspirieren uns?
- Welche bereiten uns Mühe?
- Welches sind deine Qualitäten, Fähigkeiten und Stärken?
- Welches sind die meinigen?
- Welche Unterschiede sind im Team?
- Welchen Beitrag leisten die Unterschiede zum Ergebnis?
- Was unterscheidet mich von den anderen? In der Arbeitsweise, im Verhalten, im Umgang im Team, mit der Klientel?
- Was biete ich dem Team an?
- Was kann ich von meinen Ressourcen her einbringen?
- Was ist mein Beitrag zum guten Gelingen unserer gemeinsamen Arbeit?
- Welches sind meine Werte?
- Was ist mir in meiner Arbeit wichtig?
- Woran erkennen andere, dass gerade dieser Wert für mich wichtig ist?
- Welche Werte haben wir gemeinsam?
- Welche betrachten wir als die wichtigsten drei Werte?
- Wie setzen wir diese im Alltag um?
- Was macht unsere Teamkultur aus?
- Worin unterscheiden wir uns von anderen?
- Auf welchen Ressourcen bauen wir auf?
- Welches Bewusstsein für Unterschiede haben die einzelnen Teammitglieder?
- Welchen Beitrag leisten die Unterschiede?
- Wie wirken sie sich auf das Team aus?
- Wie gehe ich mit Unterschiedlichkeiten um?
- Welche Unterschiede zu akzeptieren, fallen mir leicht, welche schwer?
- Wie gehen wir heute und morgen mit Unterschiedlichkeiten um?

Wechselwirkung (Feld 2)

- Wo nutzen wir unsere Unterschiedlichkeiten erfolgreich?
- Wo und wann dürfen, sollen wir unsere Unterschiedlichkeiten leben?
- Wo und wann darf ich individuell vorgehen und darüber selbst entscheiden?
- Wo und wann ist ein gleiches Vorgehen notwendig?
- Welche Abmachungen braucht es dazu? In welcher Form?
- Wie viel Vielfalt und Individualität steckt in der täglichen Arbeit?
- Wie viel Unterschied darf sein?
- Welche Strukturen sind gewählt, um Vielfalt zu gewährleisten?
- Wie offen ist unsere Kultur, damit Vielfalt gelebt werden kann?
- Wie sieht unsere Vielfaltskultur aus, damit Vielfalt Raum hat, sich zu entwickeln?
- Was macht uns aus?
- Was ist das Besondere?
- Was unterscheidet uns von anderen Teams?
- Was hält uns zusammen?
- Welches sind unsere Stärken und Schwächen?
- Wo ergänzen wir uns aufgrund der Vielfalt?
- Wo haben wir unsere Synergien bereits genutzt?
- Welches sind die Erfolge der Vergangenheit, die wir in die Zukunft mitnehmen wollen?
- Wie viel Vielfalt lässt unsere Identität zu?

Zielfindung (Feld 3)

- Welches ist unser gemeinsames Ziel? Unser gemeinsamer Auftrag, unsere Aufgabe?
- Welche unterschiedlichen Gruppierungen existieren?
- Welches sind, bezogen auf das Ziel, die relevanten Unterschiede?
- Gibt es Ungleichheiten oder unterschiedliche Gewichtungen? Wie sind die bestehenden Unterschiede auf den verschiedenen Hierarchiestufen repräsentiert?
- Welchen Bezug zur Vielfalt weist das Ziel auf?
- Welchen Einfluss haben Ungleichheiten auf das Erfüllen der Aufgaben?
- Ist die infrage kommende Aufgabenstellung unter Nutzung der vorhandenen Diversity besser zu lösen als mit konventionellen Vorgehensweisen?

- Was genau macht das Ziel attraktiv – für jeden Einzelnen, für das Team, für die Organisation?

Resonanz (Feld 4)

- In welchen Situationen ist Kreativität gefragt?
- Wie und wann leben wir sie?
- Welche Erfahrungen machen wir damit?
- Wie nutzen wir die Synergien?
- Wie wird Vielfalt gefördert und genutzt?
- Was behindert sie?
- Welche Vielfalt fehlt uns?
- Welchen Bezug zur Vielfalt weisen die Ziele der Organisation auf?
- Wann arbeiten wir optimal und störungsfrei zusammen?
- Welches sind die Voraussetzungen dazu?
- Welche Seiten an mir selbst, welche Ideen, welche Gefühle, welche Verhaltensweisen habe ich in diesem Team zum ersten Mal erlebt?
- Was habe ich in der Gruppe Neues ausprobiert? Und was habe ich Neues an anderen entdeckt?
- Was hat die Andersartigkeit bei mir angeregt und/oder ausgelöst? Woran hat sie mich erinnert?
- Wo und wie ergänzen wir uns?
- Welche unterschiedlichen Ausprägungen haben welchen Nutzen?
- Wie wirken sich die Unterschiede auf das Ergebnis aus?
- Welche sind hinderlich, welche förderlich?
- Wie haben sich die Unterschiede entwickelt, sodass sie zur Steigerung des Ergebnisses führten?
- Wie haben wir den zur Verfügung stehenden Spielraum genutzt?
- Welches sind die verbindenden Kräfte, die die Mitarbeitenden, die Organisation in ihrer Vielfalt zusammenhalten?
- Welche Struktur haben wir gewählt, um Vielfalt zu gewährleisten?
- Welche Unterschiede sollte die Organisation abbilden, um ihre Dienstleistung optimal zu erbringen, um die Märkte von morgen bedienen zu können?

3.5 Übungen

Name der Übung	Passt für die Felder:				Entwickelt die Kompetenzen:			
	Haltung	Wechsel-wirkung	Ziele	Resonanz	Umgang mit Wahrneh-mungen	Empathische Kommunika-tion	Sicherheit im Umgang mit sich selbst	Ambiguitäts-toleranz
Ambiguität – Freund oder Feind?	x							x
Aufbruchsübung	x			x			x	x
Beobachten–Beschreiben–Bewerten	x				x			
Bildbetrachtung	x				x			
Caleidoscopia	x						x	
Das Gute daran		x			x			(x)
Dazugehören oder Fremd-sein	x						x	
Der Hausbau		x		x		x		x
Der kleinste gemeinsame Nenner				x		x		
Dialog – Entdecken neuer Möglichkeiten		(x)		x	(x)	(x)		x
Diversity-Kompetenzen erkennen	x				x		(x)	
Diversity-Landkarte	x				(x)			x
Diversity Mix	x	x			x			x
Diversity-Quiz		x			x			
Einzigartig	x				x			
Empathisch zuhören	x				x	x		
Erfolgsdefinitionen			x		x		(x)	
Erfolge erkunden – vonei-nander lernen		x		x		x		(x)
Es war einmal – unsere Teamgeschichte	x	(x)				x		
Farbdiagnose eines Konf-liktes und Intervention mit		x			x			x

Name der Übung	Passt für die Felder:				Entwickelt die Kompetenzen:			
	Haltung	Wechsel-wirkung	Ziele	Resonanz	Umgang mit Wahrneh-mungen	Empathische Kommunika-tion	Sicherheit im Umgang mit sich selbst	Ambiguitäts-toleranz
Farben								
Farbe bekennen	x	(x)			x			
Farbpalette				x	(x)			x
Farbübung: Umgang mit Störungen	x	x						x
Feedback-Geschenke		x				x		
Feedback mit Metaphern		x				x		
Fieberkurve des Team-prozesses				x	(x)	x		
Forscher/-innen und Bergführer/-innen				x				x
Hip-Hop		x		(x)	x			(x)
Ich mache einen Unter-schied				x				x
Ich und die anderen	x						(x)	x
Konstruierte Wirklichkeit		x			x			
Kulturelle Unterschiede	x			x	(x)		x	
Lebenslinie	x	(x)					x	
Leistungsbilanz		(x)		x			x	
Leitsätze basierend auf Werten		x			(x)		x	
Meine Einstellung zu Unterschiedlichkeiten	x					(x)	x	(x)
Mitarbeitende respektieren	x						x	
Obstkorb		x			x			(x)
Postbote/Postbotin		(x)		x		x		(x)
Präsentation der eigenen Kultur	x	x			x	x		
Regeln des Teams		x						x

Name der Übung	Passt für die Felder:				Entwickelt die Kompetenzen:			
	Haltung	Wechsel-wirkung	Ziele	Resonanz	Umgang mit Wahrneh-mungen	Empathische Kommunika-tion	Sicherheit im Umgang mit sich selbst	Ambiguitäts-toleranz
Relevante Unterschiede in den Blick nehmen		x					x	
Ressourcenbild		x					x	
Ressourcenstein		x				x	x	
Ressourceninventur		x						x
Schöpferisches Zuhören				x				x
Schubladen		x						x
Seilübung in einem Diversity-Team	(x)	x			x	(x)		
Selbstgespräche transparent machen	x					(x)	x	
Spiegelbild				x				x
Splitting		x			x			
Stereotypen – Selbstbild/ Fremdbild	x	(x)			x			(x)
Teamziele bildlich dargestellt			x		x			
Umgang mit Zuschreibungen	x							X
Unsere Disziplin		x					x	
Unser Diversity-Team in 5 Jahren			x		x			
Unterschiede		x			(x)		x	
Vernetzte Dreiecke		x			(x)			X
Vertrauensbarometer				x	x			
Vom eigenen zum gemeinsamen Wertesymbol	x				x		x	
Walk a day in my shoes		x			x			
Wer bekommt die Stelle?		x					x	
Werte erkunden	x				x			

Name der Übung	Passst für die Felder:				Entwickelt die Kompetenzen:			
	Haltung	Wechsel-wirkung	Ziele	Resonanz	Umgang mit Wahrneh-mungen	Empathische Kommunika-tion	Sicherheit im Umgang mit sich selbst	Ambiguitäts-toleranz
Werte und ihre Wirkung	x	(x)			x			(x)
Werte und mein Stand-punkt	x			x	x			X
Werteprofil erstellen	x						x	
Wertequadrat interkulturell	x				x			(x)
Werteversteigerung	x						x	x
What's inside my box?	x						x	
Ziel blind erreichen			x			x		x
Ziele von der Zukunft her entwickeln			x					x
Zielfindung und Interes-senklärung		(x)	x			x		
Zugehörigkeiten explorie-ren		x		x	x		x	

3.5.1 Ambiguität – Freund oder Feind?

Autorin	Anke Loose, abgeleitet aus Gardenswartz/Rowe, Emotional Intelligence and Diversity Series. Heft Self-Governance
Passend für Feld	Haltung
Entwicklung der Diversity-Kompetenz	Ambiguitätstoleranz
Darum geht's	Paarinterviews zum Thema Ambiguität/Uneindeutigkeit
Ziele	Eigene Haltung zu Uneindeutigkeit/Ambiguität erkunden Bewusstsein über Vorteile von Ambiguität entwickeln
Benötigte Zeit	60 Minuten
Teilnehmende	Beliebig
Räumliche Erfordernisse	Genügend großer Raum oder Rückzugsmöglichkeiten für die Paare
Vorbereitung, Hilfsmittel	Handout mit den Fragen (siehe Arbeitsblatt)
Beschreibung der Übung	Wenn die Teammitglieder eine Vorstellung haben, was man unter Ambiguität versteht und warum das eine Diversity-Kompetenz ist, können sie mit der Übung ihre Haltung und Einstellung dazu zu erkunden. Den Teammitgliedern stehen zunächst 10 Minuten Zeit zur Verfügung, sich anhand der Satzanfänge mit ihrem Umgang mit unsicheren Situationen und ihrer Haltung dazu auseinanderzusetzen. Anschließend bilden sie Paare. Jede/r bekommt 15 Minuten, um von seinen Erfahrungen zu erzählen. Der/die andere hört lediglich aktiv zu und versucht, noch besser zu verstehen. Nach 15 Minuten wird gewechselt. Anschließend erfolgt eine Auswertung im Plenum.
Auswertungsfragen	• Was habt ihr zu diesem Thema entdeckt? • Wann fällt es euch leicht, mit Unklarheit umzugehen? Wann ist es schwer? • Was sind typische Reaktionsweisen? • Welche Situationen von Uneindeutigkeit hatten wir bereits im Team? Wie sind wir damit umgegangen? Wie wollen wir zukünftig damit umgehen?
Variante	Die Übung eignet sich auch gut dazu, auf einem Spaziergang bearbeitet zu werden. Das Gehen kann bei der Auseinandersetzung mit dem Thema unterstützend wirken.

Arbeitsblatt: Ambiguität – oder wie stehe ich zu Uneindeutigkeit

Ambiguität oder Uneindeutigkeit bzw. eine fehlende Klarheit, welches das richtige Verhalten in einer Situation ist (wir gebrauchen im Folgenden diese Begriffe synonym), löst in uns oft emotionale Reaktionen aus. In dieser Übung wollen wir unsere Haltung zu diesen Situationen erkunden und das, was sie in uns auslösen.

Lesen Sie die Satzanfänge unten. Bereiten Sie sich dann darauf vor, sich mit einem Partner oder einer Partnerin über Ihre Haltung auszutauschen (10 Minuten Einzelarbeit). Legen Sie fest, wer anfängt und erkunden Sie zunächst nur dessen Haltung und Einstellung zu Uneindeutigkeit anhand der Satzanfänge. Die andere Person unterstützt nur durch Nachfragen und interessiertes Zuhören. Nach 15 Minuten wird gewechselt (30 Minuten Paarinterview).

1. Meine erste Reaktion (Gedanken, Gefühle, Handeln) in Situationen, in denen ich nicht genau weiß, wie ich sie interpretieren soll, ist meistens …

2. Was mich in unklaren Situationen nervös macht, ist …

3. Ich verschließe mich gegenüber Unbekannten und neuen Entdeckungen, wenn …

4. Das schönste Geschenk, dass ich mir vorstellen könnte von Uneindeutigkeit zu bekommen, wäre …

5. Ich könnte offener gegenüber der Unvorhersehbarkeit und Unsicherheit im Leben werden, indem ich …

6. Wenn andere vorhersehbar sind, dann denke/fühle/tue ich …

7. Wenn ich nicht einschätzen kann, wie andere reagieren, was sie denken oder fühlen, dann denke/fühle/tue ich …

8. Mein persönlicher Held oder meine persönliche Heldin, der/die sich besonders gut dem unvorhersehbaren Fluss des Lebens anpassen kann, ist …

9. Etwas, das ich tue, um meine Fähigkeit im Umgang mit unsicheren bzw. unklaren Situationen zu verbessern, ist …

3.5.2 Aufbruchsübung

Autorin	Anke Loose, in Anlehnung an Gellert/Nowak
Passend für Felder	Haltung Resonanz
Entwicklung der Diversity-Kompetenzen	Sicherheit im Umgang mit sich selbst Ambiguitätstoleranz
Darum geht's	Diese Übung eignet sich einerseits zur Kontaktaufnahme untereinander, andererseits zur schrittweisen Integration von unterschiedlichen Gedanken. Das Team bringt seine Unterschiede in Resonanz, z. B. in Form eines Teammottos ein.
Ziele	Integration von Unterschieden, z. B. in einem gemeinsamen Motto Sichtbarmachen eines verdeckten Themas
Benötigte Zeit	60 Minuten zzgl. Auswertung
Teilnehmende	16–64 Teilnehmende; ein Vielfaches von vier (in der Beschreibung der Übung am Beispiel von 16)
Räumliche Erfordernisse	Je nach Gruppengröße
Vorbereitung, Hilfsmittel	Verschiedenfarbige Moderationskarten
Besondere Hinweise	Unserer Erfahrung nach steht in aller Regel am Ende ein positiv konnotierter Begriff, selbst wenn anfangs negative Begriffe überwogen haben. Oft treten an die Stelle von konsequentem, logischem Verbinden der Begriffe andere Kriterien (Mehrheit, Lautstärke, Durchsetzungskraft, heimliche Führerschaft). Das Reflektieren dieser neuen Kriterien lohnt sich. Es werden dabei häufig Aspekte der Teamkultur deutlich. Wie hat z. B. jeder seine eigene Rolle wahrgenommen? Um dieser Frage nachzugehen, empfehlen wir die Rückkehr in die Vierer- oder Achtergruppen. So kann die eigene Rolle mithilfe der anderen Gruppenmitglieder analysiert werden. Wichtig ist bei dieser Übung, dass die Zeitvorgaben strikt eingehalten werden; etwas Stress lässt die Ergebnisse klarer hervortreten.
Beschreibung der Übung	Die Teilnehmenden finden sich in Paaren zusammen. Jedes Paar erhält zwei weiße Karten und einen Filzschreiber. Einer ist A, der andere B. Die Moderation gibt eine Initialfrage vor. Beispiel: Angenommen, es ginge nicht um das Thema xy (z. B. gemeinsame Produktentwicklung), worum sollte es dann eigentlich heute gehen? 1. Schritt: A erzählt B seine Antwort auf die gestellte Frage. B schreibt einen Begriff beziehungsweise eine Überschrift dazu auf (maximal 2 Worte!), die wiedergibt, wie die Schilderung bei ihm angekommen ist. Dann übergibt B die Moderationskarte mit diesem Begriff an A. Danach werden die Rollen getauscht. (Zeitvorgabe: 15 Minuten pro Paar) 2. Schritt: Alle Teilnehmer kommen zurück in die Gesamtgruppe und lesen kurz ihre Karten vor. Die Karten bleiben bis zum Schluss bei den einzelnen Teammitgliedern. 3. Schritt: Jedes Teammitglied sucht sich nun einen neuen Partner aus der Gesamtgruppe. Das Kriterium für die „Paarsuche" ist diesmal, welcher Begriff

Beschreibung der Übung	der Karte sich gut mit dem eigenen Begriff ergänzt. Die beiden Teammitglieder tauschen sich kurz über ihre Themen aus und finden einen neuen gemeinsamen Überbegriff, in dem beide ihren Ausgangsbegriff gut wiederfinden können. Dieser wird dann auf eine andersfarbige Moderationskarte geschrieben. (Zeitvorgabe: 5 Minuten) 4. Schritt: Die neuen Begriffe werden wiederum im Plenum vorgestellt. Danach bilden sich Vierergruppen, die jeweils zu den zwei Eigenschaftswörtern der Paare einen neuen Oberbegriff finden. Dieser wird wiederum auf eine andersfarbige Moderationskarte geschrieben. (Zeitvorgabe: 5 Minuten) 5. Schritt: Auch diese Begriffe werden wieder kurz im Plenum präsentiert. Die Vierergruppen finden sich nun zu zwei Achtergruppen zusammen, die einen neuen Oberbegriff formulieren und auf eine andersfarbige Moderationskarte schreiben. Der Begriff wird diesmal jedoch nicht vorgelesen. Stattdessen entwickelt jede Achtergruppe für sich eine Szene, ein Standbild oder eine kurze Pantomime, wodurch der gefundene Begriff treffend dargestellt wird. (Zeitvorgabe: 15 Minuten) Die Gruppe spielt die entwickelte Szene vor. Die andere Gruppe soll das Wort durch Zuruf erraten. Dann wird gewechselt. 6. Schritt: Aus den beiden Wörtern der Teilgruppen findet das Gesamtteam schließlich einen gemeinsamen Begriff. Dazu wird wiederum eine kurze Szene entwickelt. (Zeitvorgabe: 15 Minuten) Jetzt müssen sie als Trainer/Trainerin diesen letzten Oberbegriff erraten. 7. Schritt: Die Teammitglieder heften alle Kärtchen an eine Pinnwand, sodass der Findungsprozess in einer Pyramide sichtbar wird: Oberbegriff aus Schritt 6: □ 2 Karten aus Schritt 5: □ □ 4 Karten aus Schritt 4: □ □ □ □ 8 Karten aus Schritt 3: □ □ □ □ □ □ □ □ 16 Karten aus Schritt 2: □ □ □ □ □ □ □ □ □ □ □ □ □ □ □ □ Der gemeinsame Oberbegriff bleibt als „Motto“ an der Pinnwand stehen.
Auswertungsfragen	Weitere optionale Fragen zur Auswertung der Übung: • Bis zu welchem Begriff reicht die Identifikation jedes Einzelnen? Die entsprechende Karte wird mit einem Punkt versehen. Anhand der Punkte kann nachvollzogen werden, bis zu welcher Ebene Teammitglieder noch mitgehen konnten und wie sehr sie sich tatsächlich mit dem obersten Begriff identifizieren. • An welcher Stelle und aus welchem Grund hörte die Identifikation mit einem bestimmten Begriff auf? • Welchen Anteil daran hatte das Verhalten der Teammitglieder und wie hat der Einzelne selbst dazu beigetragen? • Wie hat sich im Verlauf des Prozesses die Entscheidungsfindung verändert? • Welches Verhalten Einzelner oder von Untergruppen hat sich beim Findungsprozess durchgesetzt? • Welches Verhalten ist für einen guten Teamprozess förderlich?

3.5.3 Beobachten – Beschreiben – Bewerten

Autorin	Heike Haker, in Anlehnung an Rick Ross
Passend für Feld	Haltung
Entwicklung der Diversity-Kompetenzen	Umgang mit Wahrnehmungen
Darum geht's	Das Team reflektiert konkrete Situationen im gemeinsamen Arbeitsalltag anhand der Abstraktionsleiter. Diese kann dabei auf drei Weisen genutzt werden: • um sich das eigene Denken und Schlussfolgern bewusster zu machen; • um das eigene Denken und Schlussfolgern sichtbarer für andere zu machen; • um das Denken und Schlussfolgern anderer zu erkunden.
Ziele	Verbesserung der Wahrnehmung und Kommunikation Sich gegenseitig im Team über die unterschiedlichen Wahrnehmungen und die eigenen Schlussfolgerungen daraus bewusst werden
Benötigte Zeit	5–10 Minuten
Teilnehmende	Ca. 6
Räumliche Erfordernisse	Beamer, Overheadprojektor, weiße Wand
Vorbereitung, Hilfsmittel	Powerpoint oder Overhead für die Abstraktionsleiter, Visualisierung für die Fragen (Flip, Handout)
Besondere Hinweise	Wenn die Abstraktionsleiter zum festen Bestandteil der Teampraxis geworden ist, entdeckt das Team ein äußerst nützliches Werkzeug: Für die Teaminteraktion ist es sehr belebend, sich gegenseitig die Stufen der eigenen Beweiskette zu zeigen. Diese Methode erfordert etwas Übung.
Beschreibung der Übung	Die Abstraktionsleiter wird gezeigt (als Folie, Powerpoint oder Handout). Die sieben Stufen werden durchgesprochen. Das Team überlegt gemeinsam ein Beispiel. Es wird eine ganz alltägliche Teamrunde abgehalten. Zu einem bestimmten Zeitpunkt hält das Team im Gespräch inne und stellt sich z. B. folgende Fragen: • Welche wahrnehmbaren Daten stützen diese Aussage? • Besteht Einigkeit über diese Daten? • Können Sie mir Ihre Schlussfolgerungen Schritt für Schritt erklären? • Wie sind wir von diesen Daten zu diesen Annahmen gelangt? • Als Sie sagten „Ihre Folgerungen“, meinten Sie „meine Interpretation“?

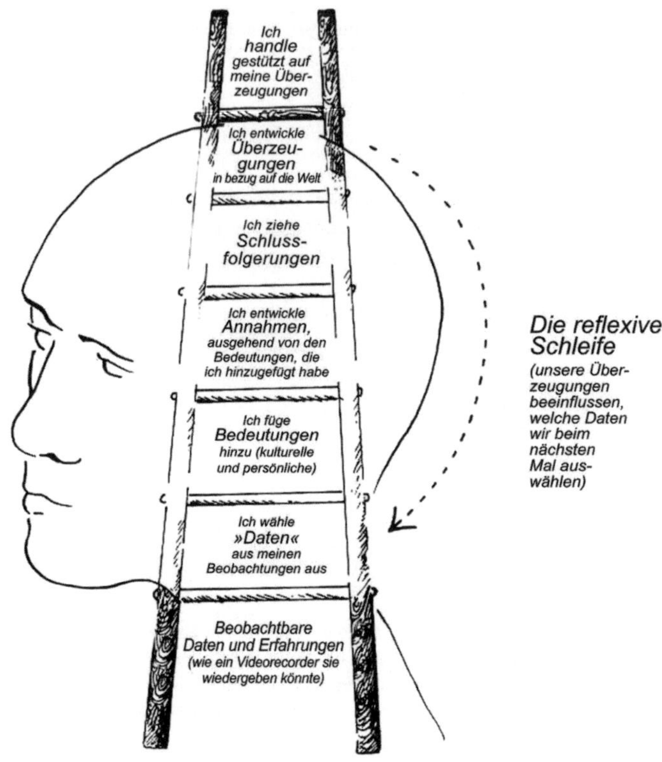

Die Abstraktionsleiter (Schaubild)

Peter M. Senge e.a.: Das Fieldbook zur Fünften Disziplin. S. 280. J.G. Cotta'sche Buchhandlung Nachfolger GmbH, Stuttgart 1996/ab Oktober 2008 Schäffer-Poeschel Verlag für Wirtschaft-Steuern-Recht GmbH, Stuttgart

3.5.4 Bildbetrachtung

Autorin	Anke Loose
Passend für Feld	Haltung
Entwicklung der Diversity-Kompetenzen	Umgang mit Wahrnehmungen Sicherheit im Umgang mit sich selbst
Darum geht's	Gegenseitig ein Bild beschreiben und anschließend mit der Sichtweise des anderen schauen
Ziele	• Lernen, wie die gleiche Sache sehr unterschiedlich wahrgenommen werden kann • Verständnis für Subjektivität von Wahrnehmung
Benötigte Zeit	Ca. 30 Minuten (variiert je nach Tiefe der Auswertung)
Teilnehmende	Beliebig
Räumliche Erfordernisse	Keine
Vorbereitung, Hilfsmittel	Verschiedene Fotos von Kunstwerken
Beschreibung der Übung	Es werden verschiedene Kunstwerke gezeigt und es sollten sich möglichst zu jedem Bild mindestens zwei Teilnehmer finden, von denen einer das Bild mag und der andere es eher weniger mag. Jeder bekommt eine kurze Zeit, um das Bild genau zu betrachten und sich zu überlegen, was er sieht und wie er es empfindet. Hierzu sollen Notizen gemacht werden. Dann stellt erst A seine Sichtweise dem anderen vor. B hat die Aufgabe, das Bild aus der Perspektive von A zu betrachten und sich in diese Sichtweise hineinzuversetzen. Wenn A mit seiner Beschreibung und Interpretation fertig ist, wird gewechselt. Anschließend kommt es zum Austausch zu zweit, wie sich die Sichtweise verändert hat, was leicht fiel, was eher schwierig war und wie er/sie das Bild jetzt sehen.
Auswertungsfragen	Auswertung im Plenum • Wie ist es gelungen, sich in die andere Sichtweise hineinzuversetzen? Was hat geholfen? • Was hat es verändert? • Wozu ist es gut, das zu können? • Wo begegnet uns so etwas im Alltag/in unserem Team?
Variante	Das Gleiche geht auch mit einer Musik. Hierzu sollte eine facettenreiche, unvertraute Musik ausgewählt werden (Schlager und Popsongs sind hierzu eher weniger geeignet).

3.5.5 Caleidoscopia

Autorin	Nach Magie Kessler, beschrieben von Erika Lüthi
Passend für Feld	Haltung
Entwicklung der Diversity-Kompetenz	Sicherheit im Umgang mit sich selbst
Darum geht's	Diversität gemeinsam beobachtbar und miteinander besprechbar machen – auf der persönlichen Ebene, im Team oder in Organisationen
Ziele	• Sich selbst erkunden • Verständnis für die eigenen kulturellen Wurzeln entwickeln • Einander gegenseitig besser kennenlernen • Das Bewusstsein für das Eigene und das Fremde stärken
Benötigte Zeit	Einzelarbeit 20–30 Minuten Pro Teilnehmende 5 Minuten Plenum 20 Minuten
Teilnehmende	Maximal 16
Räumliche Erfordernisse	Keine
Vorbereitung, Hilfsmittel	Es gibt zehn Karten, in verschiedenen Farben, eine Karte davon ist leer, frei für ein eigenes Thema. Mögliche Themen sind: • Ethnizität / Gruppenzugehörigkeit • Gender / Rollenverständnis als Frau/Mann • Gesellschaftsschicht • Lebensphase • Generation • Berufliche Entwicklung • Glaube / Religion • Sexuelle Orientierung • Physische, psychische Bedingtheiten …
Besondere Hinweise	Diese Übung ermöglicht es in kurzer Zeit, in Leichtigkeit miteinander in nahen Kontakt zu kommen. In einer Atmosphäre der Gleichwertigkeit gelingt es, die eigenen Gedanken auszusprechen und eine nicht bewertende Akzeptanz zu finden. Es entsteht dadurch Verbundenheit und ein gemeinsames Bewusstsein füreinander. Die Übung ermöglicht durch eine vorbehaltlose, erkundende Haltung die anderen Sichtweisen zu erforschen, und die Welt aus der jeweils anderen Perspektive zu betrachten. Die Spielanlage verlangsamt die Kommunikation. Es entsteht die Möglichkeit, das eigene Denken zu beobachten und seine Bedeutung und Wirkung im jeweiligen Kontext zu erkennen.

Beschreibung der Übung	1. Schritt: Alle Teilnehmenden bekommen je ein Kartenset. Sie werden gebeten, die Karten so anzuordnen, dass die Bedeutung (in ihrem Leben, in ihrer Arbeit) der genannten Dimensionen, gemäß der Aufgabenstellung zum Ausdruck kommt. Sie legen die Karten offen und für alle sichtbar auf den Tisch. Erwartungsgemäß werden die Farbenfolgen für jeden Teilnehmenden anders sein. Die unterschiedlichen Wahrnehmungen entsprechen in dieser Weise der jeweiligen Färbung. 2. Schritt: Die Teilnehmenden erläutern einzeln ihre Anordnung, sprechen über ihre persönliche Bedeutung und Gewichtung und beantworten Verständnisfragen. 3. Schritt: Die Teilnehmenden suchen nach Ähnlichkeiten in ihren Anordnungen oder nach Unterschieden und wie diese weiter nachwirken in konkreten Situationen.
Auswertungsfragen	4. Schritt: (bei bestehenden Teams) Welche Auswirkungen könnte eine andere Anordnung der Karten auf Ihre Arbeit haben? 4. Schritt: (bei neuen Teams) Fantasieren Sie, wie aufgrund der Anordnung der Karten Ihre gemeinsame Auffassung der Zusammenarbeit sein wird.
Variante	Jede Person legt die Karten für sich, wählt die 3 wichtigsten aus und veröffentlicht (erläutern, nennen der persönlichen Bedeutung und Gewichtung) diese im Plenum.

3.5.6 Das Gute daran

Autorin	Andrea Lienhart
Passend für Feld	Wechselwirkung
Entwicklung der Diversity-Kompetenzen	Umgang mit Wahrnehmungen (Ambiguitätstoleranz)
Darum geht's	Die Teilnehmenden gehen spielerisch mit Perspektivwechseln – dem „Guten im Schlechten" – um. Vermeintliche Schwächen können als Ressourcen erkennbar werden.
Ziele	Spielerischer und humorvoller Umgang mit (eigenen) Stärken und Schwächen Flexibles Denken trainieren Ressourcen in Schwächen/ im Unangenehmen sowie Schwächen in den Stärken erkennen
Benötigte Zeit	30 Minuten
Teilnehmende	1–30
Räumliche Erfordernisse	Keine
Vorbereitung, Hilfsmittel	Ball
Beschreibung der Übung	Die Trainerin wirft den Teilnehmenden einen Ball zu und fragt auf Zuruf: „Was ist das Gute an …?" (z. B. an schlechtem Wetter, Lampenfieber, Stress, Beschwerden, Konflikten usw.) Nach ein paar Runden erweitert sie: „Was ist das Negative an …?" (z. B. gutem Essen, Zielorientiertheit, Extrovertiertheit) Dann wechselt der Trainer/die Trainerin spielerisch zwischen positiven und negativen Beispielen. Schließlich lässt er/sie Beispiele von den Teilnehmenden finden bzw. greift Eigenschaften heraus, welche die Teilnehmenden im Laufe des Trainings von sich selbst nannten und lässt diese von den anderen Teilnehmenden jeweils umkehren. Immer wenn ein Teilnehmer/eine Teilnehmerin geantwortet hat, geht der Ball zurück an den Trainer/die Trainerin.
Variante	Auch als Partner- bzw. Kleingruppenarbeit mit anschließender Präsentation im Plenum

3.5.7 Dazugehören oder Fremdsein

Autorin	Erika Lüthi, nach einer Idee von Ricarda Gregori
Passend für Feld	Haltung
Entwicklung der Diversity-Kompetenz	Sicherheit im Umgang mit sich selbst
Darum geht's	Diese Übung eignet sich als Einstieg zur Reflexion von Dazugehören und Fremdsein sowie deren Auswirkungen sowohl auf den Einzelnen als auch auf eine Gruppe.
Ziele	Die Teilnehmenden setzen sich mit den Gefühlen, die ein Dazugehören oder Fremdsein auslösen können, auseinander. Sie werden für mögliche Ursachen sensibilisiert. Sie reflektieren ihren persönlichen Hintergrund und das daraus entstehende Verhalten.
Benötigte Zeit	45 Minuten
Teilnehmende	Zu zweit oder zu dritt
Räumliche Erfordernisse	Keine
Vorbereitung, Hilfsmittel	Keine
Besondere Hinweise	Diese Übung kann in einer interkulturellen Gruppe starke Gefühle auslösen. Diese Übung (siehe Variante) eignet sich auch als Einstieg zu einem theoretischen Input.
Beschreibung der Übung	1. Schritt: Austausch in Dyade oder 3er-Gruppe zu „Situationen und Kontexten/Begebenheiten, in denen ich mich sehr ähnlich, zugehörig bzw. sehr anders/außenstehend fühle oder gefühlt habe und mögliche Ursachen dafür". 2. Schritt: Sammeln der Gefühle und möglichen Ursachen im Plenum
Auswertungsfragen	3. Schritt: In Einzelarbeit • Wann erlebe ich solche Situationen in unserer Zusammenarbeit? • In welchen Momenten fühle ich mich zugehörig oder sehr anders? • Was löst dies bei mir aus? • Wie reagiere ich normalerweise darauf? Wie könnte ich in Zukunft anders darauf reagieren? 4. Schritt: Austausch zu zweit oder in der Gruppe offenlegen
Variante	Nach dem 2. Schritt erfolgt ein theoretischer Input zum Milton-Bennett-Modell, zur gewaltfreien Kommunikation oder zu Identitätsgruppen.

3.5.8 Der Hausbau

Autorin und Autor	Marion Keil und Stephan Orths
Passend für Felder	Wechselwirkung Resonanz
Entwicklung der Diversity-Kompetenzen	Empathische Kommunikation Ambiguitätstoleranz
Darum geht's	Die Teilnehmenden schaffen und gestalten gemeinsam ihren Team-Raum. Dabei nutzen sie nicht alltägliche Kompetenzen und bringen diese im Sinne des Ziels in Resonanz. Das Diversity-Teamentwicklungsmodell wird so erlebbar.
Ziele	• Erfassen einer anspruchsvollen Aufgabe • Gemeinsames Festlegen der „besten Lösung" und des Weges zur Zielerfüllung • einen neuen Blick auf Ressourcen und Kompetenzen gewinnen • Führung praktizieren • kontinuierliche Absprache im Sinne der Zielerfüllung üben • Spaß und Erfolg am gemeinsamen Handeln erleben
Benötigte Zeit	240 Minuten
Teilnehmende	4–10
Räumliche Erfordernisse	Freie Fläche zum Arbeiten und Bauen, am besten draußen
Vorbereitung, Hilfsmittel	Je nach Hausgröße Baumaterialen, Werkzeuge und Dinge zum Verschönern siehe Materialienliste
Besondere Hinweise	Die Teilnehmenden werden auf möglichst spannende und humorvolle Art mit der Arbeitsanweisung und den bereitgestellten Materialien und Werkzeugen konfrontiert.
Beschreibung der Übung	Bauen Sie mit den zur Verfügung stehenden Materialien und Werkzeugen innerhalb von 4 Stunden Ihr Team-Haus. Es sollte stabile Wände, ein schützendes Dach, eine Tür, genügend Helligkeit zum Sehen und Arbeiten, eine einladende Atmosphäre und Raum für xx Personen haben. Nach Ablauf der Bauphase erfolgt im neuen Haus die Reflexion.
Auswertungsfragen	Auswertungsfragen können sein zur Haltung, zur Wechselwirkung, zur Zielerreichung und zur Resonanz; aber auch zu Leadership, Kommunikation, Projektarbeit im Team: • Wie ist es Ihnen gelungen, so erfolgreich ans Ziel zu kommen? • Was hat Sie an den anderen Teammitgliedern überrascht? • Was waren kritische Momente der Zusammenarbeit und wie wurden sie gelöst? • Wer ergriff zu welchem Zeitpunkt Führungsinitiative und welche Wirkungen hatte sie? • Welche Erfolgsstrategien sind aus der eben gemachten gemeinsamen Erfahrung für den Teamalltag abzuleiten?

Variante	Das Bau-Team sitzt anschließend im selbstgeschaffenen Raum und „füllt ihn" mit eigenen Themen, z. B. Strategiegesprächen, Kommunikationsregeln, etc.

Materialliste für ein 4 Personen Team-Haus

- Gerüst und Dachstuhl:
  - 20 Stück Vierkantbalken 100x100, Länge 2 m
  - 10 Stück Vierkantlatten 50x30, Länge 2 m
  - 50 Stück Bretter 100x20, Länge 2 m

- Wände
  - 10 m^2 dicke Garten- oder Abdeckplane
  - 10 Stück Umzugskartons

- Verbindungen
  - Nägel
    - 100 Stück 100er–150er
    - 200 Stück 70er
  - Seile 6 mm, Länge 50 m
  - Malerklebeband 20mm, 10 Rollen

- Werkzeug
  - 1 Hammer klein (ca. 200g)
  - 1 Hammer gross (ca. 400g)
  - 2 Kneifzangen
  - 2 Bügelsägen
  - 4 Paar Arbeitshandschuhe

- Deko Material
  - Krepp-Papier
  - Farbe
  - Pinsel

3.5.9 Der kleinste gemeinsame Nenner

Autor	Rolf Grillo (eine klassische Übung aus der Rhythmik)
Passend für Feld	Resonanz
Entwicklung der Diversity-Kompetenz	Empathische Kommunikation
Darum geht's	Teamgeist – Aufeinanderhören – sich einlassen – Initiative übernehmen und aufgreifen
Ziele	Die Gruppe findet ohne einen Leiter einen gemeinsamen Rhythmus.
Benötigte Zeit	Je nach Gruppe 5–10 Minuten
Teilnehmende	2–50
Räumliche Erfordernisse	Großer Raum ohne Stühle, in dem die Teilnehmenden gehen können
Vorbereitung, Hilfsmittel	Keine
Besondere Hinweise	Die Gruppe kann möglicherweise lange brauchen, um einen gemeinsamen Rhythmus zu finden. Ein Teilnehmender übernimmt die Führung und will seinen Rhythmus bei allen durchsetzen. Die Teilnehmenden reden während der Übung oder lachen.
Beschreibung der Übung	Die Teilnehmenden sollen, wenn möglich, ihre Schuhe ausziehen (es geht auch mit Schuhen – aber ohne ist das Gehen leiser!) Jede/r sucht sich einen Platz im Raum, an dem er sich zunächst einmal dehnt, rekelt, schüttelt – sich bereit macht für die Übung. Dann kommen alle zum Stehen und ein Moment der Stille tritt ein. Der Leiter erklärt die Aufgabe: Alle Teilnehmenden beginnen auf ein Zeichen (z. B. Gong, Klatschen) durch den Raum zu gehen – jede/r in seinem ganz individuellen Tempo, das die individuelle Stimmung des Moments wiedergibt. Nun sollen die Teilnehmenden versuchen in ein gemeinsames Gruppentempo zu kommen. Dabei ist wichtig, dass keiner die Führung übernimmt und akustische Signale gibt (z. B. lautes Aufstampfen oder Schnipsen). Es geht um Synchronisation. Der Leiter gibt ein Zeichen und die Übung beginnt. Wenn alle in einem gemeinsamen Tempo sind, ist das spürbar, es ergibt sich eine gemeinsame Schwingung, gemeinsame Energie, die nach dem individuellen Chaos und der Suche nach einem „Gemeinsamen Nenner" sehr wohltuend sein kann. Der Leiter beendet die Übung mit einem klaren musikalischen Zeichen (z. B. Gong, Klatschen), die Teilnehmenden bleiben am Platz stehen, es entsteht wieder ein Moment der Stille und der Leiter lädt die Teilnehmenden ein, in die Stille zu spüren und die Übung noch einmal nachzuempfinden.
Auswertungsfragen	Evtl. kurzes Blitzlicht als Reflexion
Variante	Nachdem die Teilnehmenden einen gemeinsamen Rhythmus gefunden haben, können sie dazu schnipsen, klatschen oder mit der Stimme den Rhythmus hörbar machen und eine kleine Improvisation entstehen lassen. Sie wird mit einem Gong usw. beendet (dann wie oben weiter).

3.5.10 Dialog – Entdecken neuer Möglichkeiten

Autorin	Erika Lüthi, nach Ellinor, L.; Gerard, G.
Passend für Felder	Wechselwirkung Resonanz
Entwicklung der Diversity-Kompetenzen	(Umgang mit Wahrnehmungen), (Empathische Kommunikation) Ambiguitätstoleranz
Darum geht's	Durch die ungewohnte Gesprächsform werden unbekannte Ressourcen und schlummernde Ideen im Team entdeckt und geweckt. Die Gesprächsform verlangsamt und vertieft gleichzeitig die einzelnen Beiträge. Unterschiede werden aufgezeigt, Meinungen in der Schwebe gehalten oder stehen gelassen. Ohne Angriff und Verteidigung kann Offenheit riskiert werden.
Ziele	Neue Aspekte eines Themas explorieren Unterschiedliche Meinungen in der Schwebe halten und dadurch zu neuen Erkenntnissen gelangen Die Dialogmethode kann eine neue Aufmerksamkeit entstehen lassen und leitet eine neue Kommunikationskultur ein. Sie schärft den Blick für die Bedeutsamkeit zwischen Prozess und Inhalt, ermöglicht neues Denken. Gemeinsame Denkmuster werden sichtbar und verändern sich im Laufe des Prozesses.
Benötigte Zeit	45 Minuten (ohne Einleitung)
Teilnehmende	Ab 8 Personen
Räumliche Erfordernisse	Die Teilnehmenden sitzen im Kreis.
Vorbereitung, Hilfsmittel	Stock oder Stein
Besondere Hinweise	Der Stein oder Stock in der Mitte, der zum Sprechen zu sich genommen und nachher wieder zurück in die Mitte gelegt wird, hilft zu überlegen, ob das, was ich sage für die Gruppe wichtig ist. Er verlangsamt und gibt dem Gesagten mehr Bedeutung und somit dem Sprechenden mehr Verantwortung darauf zu achten, wo er sich und wo sich die anderen gerade im Prozess befinden. Es ist eine verlangsamte Gesprächsform, die bei einzelnen Teilnehmenden am Anfang auf Widerstand stoßen oder auch Ärger auslösen kann. Als Leiter/in gilt es, aushalten zu können, dass es zwischendurch Phasen gibt, wo es einfach still ist. Falls es körperlich Behinderte in der Gruppe gibt, muss eine Lösung für das Aufnehmen des Steines oder Stockes vom Boden gefunden werden.
Beschreibung der Übung	Kurze Einführung in die Methode: In der Mitte des Kreises liegt am Boden ein Stein oder ein Stock: Wer etwas sagen möchte, holt sich den Stein oder Stock und behält ihn bei sich, solange er oder sie spricht. Nachher wird er wieder in die Mitte gelegt für den nächsten Sprechenden.

Beschreibung der Übung	Es gibt 4 Rollen, die von jeder Person zu jedem Zeitpunkt eingenommen werden können: • Impulse geben (Themen, Ideen, Meinungen); • Opponieren; • Reflektieren (Vermutungen, Beobachtungen ohne Bewertungen); • Input geben, unterstützen. Im Dialog ist es nicht erforderlich, dass der Sprechende auf das Vorhergesagte eingeht. Vielmehr achtet er bei sich selbst darauf, welcher Impuls von ihm selbst oder der Gruppe ausgeht sowie was er aus der Beziehung zwischen ihm und den anderen heraus der Gruppe mitteilen möchte. Es ist auch offen, wer wann spricht und ob jemand spricht (Prinzip der Freiwilligkeit). Folgende Themen eignen sich besonders gut für die Dialogmethode: Gemeinsamkeiten suchen • Was ist der Zweck der Zusammenarbeit? • Was gibt uns Zusammenhalt? • Welches sind die verbindenden Kräfte, die die Mitarbeitenden, die Organisation in ihrer Vielfalt zusammenhalten? Dieses Thema eignet sich besonders, wenn eine Sehnsucht auf etwas Neues besteht, weil zum Beispiel Unzufriedenheit mit der Kommunikation vorhanden ist. Unterschiede erkennen • Wie tragfähig ist unsere Zusammenarbeit? • Wie gehen wir mit Unterschieden/Konflikten um? • Wie wirken sich die Unterschiede auf das Ergebnis aus? • Wie haben sich die Unterschiede entwickelt, sodass sie zur Steigerung des Ergebnisses führten? • Wie viel Vielfalt lässt unsere Identität zu? Annahmen erkunden • Woher kommen die Konflikte? • Welche Denk-/Verhaltensmuster sind hilfreich/hinderlich? Erkenntnisse gewinnen • Wofür nutzen wir unsere Lernfähigkeit, unsere Erfolge? Was schaffen wir Neues? 1. Schritt: In der Mitte des Kreises liegt am Boden ein Stein oder ein Stock. Kurze Einführung in die Rollen und das Vorgehen (siehe oben) 2. Schritt: Thema bekannt geben oder gemeinsam festlegen 3. Schritt: Den Dialog durchführen 4. Schritt: Reflexion mit dem für das Thema relevanten Fokus

Auswertungsfragen	• Wie ging es mir mit dem Prozess? • Wie gut konnte ich anderen Meinungen zuhören? Wie ist es mir gelungen, diese erst einmal stehen zu lassen? • Wie ging es mir, mit der Aufmerksamkeit der anderen? • Habe ich mich beteiligt und wenn nein, warum nicht?
Varianten	In der Einführung können auch die 10 Kernfähigkeiten im Dialog (nach Hartkemeyer, Dhority) eingeführt werden und als Regeln an der Wand hängen: • Die Haltung eines Lerners annehmen • Radikaler Respekt • Offenheit • Sprich von Herzen • Zuhören • Verlangsamung • Annahmen und Bewertungen suspendieren • Produktives Plädieren • Eine erkundende Haltung üben • Den Beobachter beobachten

3.5.11 Diversity-Kompetenzen erkennen

Autorin	Erika Lüthi
Passend für Feld	Haltung
Entwicklung der Diversity-Kompetenzen	Umgang mit Wahrnehmungen Umgang mit sich selbst
Darum geht's	Durch die Selbst- und eine Fremdeinschätzung erkennen die Teilnehmenden, wo sie in ihrer persönlichen Entwicklung stehen und erhalten Hinweise, wie sie sich weiterentwickeln können.
Ziele	• Standortbestimmung bezüglich der eigenen Diversity-Kompetenz • Kompetenzen und nächste Lernschritte formulieren
Benötigte Zeit	35–45 Minuten
Teilnehmende	Ab 8 Personen Bei kleineren Gruppen kann der Austausch in der ganzen Gruppe erfolgen.
Räumliche Erfordernisse	Großer Raum für größere Gruppen, damit alle im Raum bleiben können
Vorbereitung, Hilfsmittel	Checklisten je 2 pro Person
Besondere Hinweise	Es besteht die Gefahr, dass sich eine Dyade auf Nebenschauplätzen verliert oder die Gelegenheit nutzt, alte Geschichten aufzuwärmen. Es ist wichtig, dass die Teilnehmenden Erfahrungen mit und das Wissen von wertschätzendem Feedback haben. Ebenso ist es wichtig, dass sich die Teilnehmenden an die Schritte und deren Zeitvorgaben halten.
Beschreibung der Übung	1. Schritt: Bilden der Dyaden 2. Schritt: Jede Person schätzt sich selbst ein und trägt dies in die Checkliste ein. Auf der zweiten Checkliste gibt sie eine Fremdeinschätzung der Person, mit der sie nachher austauschen wird. Sie legt 3 Punkte fest, worüber sie Feedback erhalten möchte. (5 Minuten) 3. Schritt: Eine Person teilt mit, zu welchen Punkten sie Feedback möchte und legt ihre Selbsteinschätzung zu diesem Punkt offen. Die andere Person teilt ihr ihre Einschätzung mit und gibt dazu Feedback usw. (je 10 Minuten). 4. Schritt: Jede Person formuliert zuerst für sich 1 bis 3 Ziele, worauf sie in nächster Zeit besonders achten möchte und teilt dies nachher der anderen Person mit. (5 Minuten) 5. Schritt: Die Dyade vereinbart, zu welchem Zeitpunkt und zu welcher Gelegenheit sie einander mitteilen, wie es ihnen mit ihren Zielen ergangen ist.
Variante	Die Ziele im Plenum offenlegen

Diversity-Kompetenzen; die Skala reicht von 1 (kaum) bis 10 (sehr)

1 Ich bin mir der eigenen Vorlieben und Abneigungen bewusst.

1	2	3	4	5	6	7	8	9	10

2 Ich bin sicher im Umgang mit mir selbst.

1	2	3	4	5	6	7	8	9	10

3 Ich bin mir der eigenen Identität (Stärken, Schwächen, Rolle) bewusst.

1	2	3	4	5	6	7	8	9	10

4 Ich habe eine Haltung der Neugierde den anderen Teammitgliedern gegenüber.

1	2	3	4	5	6	7	8	9	10

5 Ich kann Fehler zulassen.

1	2	3	4	5	6	7	8	9	10

6 Ich kann Mehrdeutigkeiten akzeptieren und auf Eindeutigkeit verzichten.

1	2	3	4	5	6	7	8	9	10

7 Ich bin bereit zu verlernen, gewohnte Gefühls- und Handlungsmuster abzulegen.

1	2	3	4	5	6	7	8	9	10

8 Ich kann mich irritieren lassen, ohne gerade an mir zu zweifeln.

1	2	3	4	5	6	7	8	9	10

9 Ich kann bei gegenteiligen Sichtweisen offen bleiben und diese Offenheit halten.

1	2	3	4	5	6	7	8	9	10

10 Ich habe den Mut, mich der eigenen Verletzlichkeit zu stellen.

1	2	3	4	5	6	7	8	9	10

11 Ich erhebe nicht den Anspruch, dass es entweder falsche oder richtige Sichtweisen gibt; ich akzeptiere, dass es unterschiedliche Sichtweisen gibt, ohne diese zu bewerten.

1	2	3	4	5	6	7	8	9	10

12 Ich bin mir bewusst, dass ich nicht alles zu wissen und zu verstehen brauche.

1	2	3	4	5	6	7	8	9	10

13 Ich kann mich auf die Darstellungen, Emotionen, Bilder der anderen einlassen.

1	2	3	4	5	6	7	8	9	10

14 Ich kann Ungeklärtes akzeptieren und stehen lassen.

1	2	3	4	5	6	7	8	9	10

15 Ich kann Widersprüche dulden, mit Brüchen leben.

1	2	3	4	5	6	7	8	9	10

3.5.12 Diversity-Landkarte

Autorin	Beschrieben von Erika Lüthi, erlebt an einem Synetzwerktreffen
Passend für Feld	Haltung
Entwicklung der Diversity-Kompetenzen	(Umgang mit Wahrnehmungen) Ambiguitätstoleranz
Darum geht's	Diese Übung ermöglicht eine Annäherung, ein lockeres Experimentieren und Ausloten des Themas „Unterschiedlichkeiten und Ähnlichkeiten".
Ziele	Erkennen, welche individuellen Unterscheidungsmöglichkeiten es gibt
Benötigte Zeit	30 Minuten
Teilnehmende	Ab 8 Teilnehmenden
Räumliche Erfordernisse	Genügend freier Platz am Boden für die Landkarte
Vorbereitung, Hilfsmittel	Namenskärtchen der Teilnehmenden auf ein großes Plakat kleben und auf den Boden legen Filzstifte und Wachskreiden bereitlegen Musikrekorder und Musik, zu der sich gut gehen lässt
Besondere Hinweise	Eignet sich auch für Gruppen, die sich noch gar nicht kennen. Je nach Unternehmenskultur kann es den Einzelnen schwerfallen, überhaupt Unterschiede zu sehen. Hier braucht es von der Leitung praktische Hinweise auf Unterschiede (sichtbare, unsichtbare, zu Gruppierungen zugehörige usw.).
Beschreibung	1. Schritt: Die Teilnehmenden gehen im Raum. Beim Abstellen der Musik suchen sie sich einen Partner, eine Partnerin und diskutieren die Frage: Was unterscheidet Sie von mir? 2. Schritt: Die beiden Personen malen ihre Verbindungen (von der einen Namenskarte zur anderen) auf und halten mit Symbolen die Unterschiede fest. 3. Schritt: Die beiden ersten Schritte wiederholen sich, solange die Lust und Freude am Entdecken der Unterschiedlichkeiten anhält und das Plakat Formen und Farben angenommen hat. 4. Schritt: Alle stehen um die Landkarte.
Auswertungsfragen	Reflexion: • Welches Symbol möchte ich gerne erklärt haben? • Was schätzen Sie für die Zusammenarbeit als relevante Unterschiede ein?

3.5.13 Diversity-Mix

Autoren	Anke Loose, nach Heidrun Sass-Schreiber in Fit for Change 2
Passend für Felder	Haltung Wechselwirkung
Entwicklung der Diversity-Kompetenzen	Umgang mit Wahrnehmungen Ambiguitätstoleranz
Darum geht's	Die Teilnehmenden erkennen, wie schnell sie Zuschreibungen machen und dass es nicht darum gehen kann, keine Vorurteile zu haben, sondern die Aufmerksamkeit auf seine Vorurteile zu lenken und diese dann bewusst und wertschätzend einzusetzen. Sie erfahren auch, wie verbindend eine Gruppierung nach „wir – die anderen" sein kann.
Ziele	• Vorurteile und Schubladendenken aufdecken • Zuschreibungstendenzen verdeutlichen • Unterschiedliche Identitätsgruppen erfahren
Benötigte Zeit	60–90 Minuten
Teilnehmende	10–18
Räumliche Erfordernisse	Keine
Vorbereitung, Hilfsmittel	Flipchart, Moderationsmaterial
Besondere Hinweise	Keine
Beschreibung der Übung	1. Schritt: Die Gruppe wird nach Identitätsgruppen in etwa 2 gleich große Hälften geteilt (z. B. Frauen – Männer, Ingenieure – Kaufleute, Mitarbeitende in der Zentrale – Mitarbeitende in Niederlassungen/Außenstellen, jüngere – ältere, Vertrieb – Produktion o.ä.). 2. Schritt: Jede Gruppe sammelt Antworten zu den folgenden Fragen am Flipchart: • Was wissen wir über die anderen? • Was macht uns die Zusammenarbeit mit den anderen schwierig? 3. Schritt: Nach ca. 10 Minuten bricht man ab, lässt vortragen. Die Ergebnisse werden möglichst nicht gleich kommentiert. 4. Schritt: Anschließend neue Gruppeneinteilung nach anderen Identitätsgruppen mit den gleichen Fragen. Nach 10 Min wieder Präsentation und mindestens noch eine weitere Neuformierung. 5. Schritt: Nach mindestens 3 Runden wird zunächst in Einzelarbeit dann in der Gesamtgruppe reflektiert, welche Muster die Teilnehmenden in ihrem eigenen Verhalten und Vorgehen erkennen konnten.

Auswertungsfragen	• Was hat diese Übung insgesamt bei mir ausgelöst? • Was habe ich bei mir selbst beobachtet, wie ist es mir ergangen, was habe ich gefühlt und gedacht? • Was habe ich an den Kollegen beobachtet? • Welche Muster lassen sich daraus ableiten? • Wie habe ich mich in den einzelnen Gruppen gefühlt? • Wie habe ich mich gefühlt, als die andere Gruppe über meine Gruppe berichtete? • Wo gibt es ähnliche Muster oder Verhaltensweisen in unserer Zusammenarbeit? Wie gehen wir damit um?
Varianten	• Man kann eine 4. und 5. Runde durchführen mit Mehrheiten vs. Minderheiten, um zu verdeutlichen, wie Macht durch Masse entstehen kann und wie Minderheiten bestimmte Zuweisungen i.d.R. persönlicher nehmen. • Man kann nach der Hälfte der Runde nur einzelne Teilnehmehmende austauschen lassen. Dann lässt sich beobachten, wie individuelle Integration durch Zustimmung zu den Denkmustern der Gruppe möglich wird und wie „Wir – die anderen"-Denken Zugehörigkeit unterstützt. Das neue, vorher fremde Teammitglied, das einer anderen Identitätsgruppe zugehörig war, wird wahrscheinlich versuchen, Gemeinsamkeiten mit der neuen Gruppe zu entdecken und diese mehr in den Vordergrund zu stellen. Die Abgrenzung zu den anderen hilft dabei, sich dieser neuen Gruppe zugehörig zu fühlen.

3.5.14 Diversity-Quiz

Autoren	Marion Keil und Stephan Orths
Passend für Feld	Wechselwirkung
Entwicklung der Diversity-Kompetenzen	Umgang mit Wahrnehmungen
Darum geht's	Die Teilnehmenden lernen sich auf verschiedenen Ebenen und in unterschiedlicher Tiefe kennen. Sie öffnen sich einander und schöpfen Vertrauen dadurch, dass Gemeinsamkeiten und Unterschiede auf intensive und spielerische Weise ausgetauscht werden.
Ziele	• Vertieftes Kennenlernen (auch für etablierte Teams geeignet) • Offenheit und Vertrauen entwickeln
Benötigte Zeit	60 Minuten (wird über die Anzahl der Fragen gesteuert)
Teilnehmende	4–14
Räumliche Erfordernisse	Keine
Vorbereitung, Hilfsmittel	30 Karten mit jeweils einem Begriff, wie zum Beispiel Partner, Vorfahren, Hobby, Träume, Idole, ein typischer Sonntag.
Besondere Hinweise	Die Beantwortung sollte freiwillig sein, d. h., der Heiße-Stuhl-Besitzer kann auch Fragen ablehnen, das Ganze ist für viele sowieso aufregend genug. Es herrscht oft ziemliche Anspannung zu Beginn – was werde ich gefragt, was soll ich preisgeben, wie gehen die Fragenden mit meinen Reaktionen um. Besonders interessant sind oft auch die Begründungen von zunächst simplen Antworten, z. B. Lieblingsfarben Schwarz und Weiß.
Beschreibung der Übung	Ein Teilnehmender sitzt auf dem berühmten heißen Stuhl. Die anderen ziehen – je nach Anzahl der Teilnehmenden und der zur Verfügung stehenden Zeit – bis zu drei Karten mit Begriffen aus einem verdeckt gehaltenen Stapel. Sie denken sich zu jeder Karte eine Frage für den Besitzer des heißen Stuhls aus, die dieser dann der Reihe nach beantwortet. Sind alle Fragen beantwortet, werden die Karten wieder eingesammelt und die nächste Runde mit dem nächsten Heißen-Stuhl-Besitzer beginnt. So lange, bis alle dran waren
Auswertungsfragen	• Was hat diese Übung insgesamt bei mir ausgelöst? • Wie habe ich die Fragen empfunden? • Was ist für mich neu in dieser Gruppe? • Welche zentralen Unterschiede konnte ich entdecken? • Wo habe ich Übereinstimmungen gesehen?
Variante	Die Formulierungen der Fragen und die Reaktionen der Fragenden auf die zu hörenden Antworten lassen sich ebenfalls gut reflektieren. Es werden Reaktions- und Beziehungsmuster der Gruppe deutlich.

3.5.15 Einzigartig

Autor	Hans Oberpriller, nach Klaus W. Vopel
Passend für Feld	Haltung
Entwicklung der Diversity-Kompetenz	Umgang mit Wahrnehmungen
Darum geht's	Wenn wir Kreativität wollen, müssen wir sie nicht verlangen, sondern ermöglichen. Die Teilnehmer begeben sich auf eine Fantasiereise, um Unterschiede zu entdecken. Sie erleben ihre Gefühle, wenn sie Unterschiedlichkeit entdecken.
Ziele	• Kontaktaufnahme mit den inneren Ressourcen • Selbstachtung vertiefen
Benötigte Zeit	45 Minuten
Teilnehmende	Beliebig
Räumliche Erfordernisse	Kissen, um sich auf den Boden setzen zu können
Vorbereitung, Hilfsmittel	Siehe Anleitung
Besondere Hinweise	Keine
Beschreibung der Übung	1. Schritt: Kurze Einführung 2. Schritt: Phase 1 – Phase 3 Beschreibung von unterschiedlichen Vorstellungen und Situationen. 3. Schritt: Reflexion: • Welche Unterschiede habe ich entdeckt? • Welche Gemeinsamkeiten gibt es? • Wie fühlten sich die Unterschiede an? • Wie fühlten sich die Gemeinsamkeiten an? • Welche Unterschiede gab es dabei? • Wie können wir die Erfahrungen in unserem Team nutzen?
Auswertungsfragen	• Wie viel Spielraum habe ich in diesem Team für meine Entfaltung? • Erlebe ich Gemeinsamkeit mit anderen? • Wie erlebe ich in unserem Team Kooperation und Individualität?

Beschreibung der Phase 1 (in Anlehnung an Vopel)

Einleitung: Ich möchte Sie nun zu einer Phantasiereise einladen. Setzen Sie sich bitte mit 1,2 oder 3 Partner/-innen zueinander auf den Boden. Sie sollten nah beieinander sitzen. Setzen Sie sich so, dass Sie einen imaginären Korb in ihrer Mitte haben, in dem alle ihre Ressourcen liegen. Während Sie einander zugewandt sind, schauen Sie sich ein paar Augenblicke aufmerksam an. Möglicherweise ist das nicht so ganz einfach für Sie. Manche Menschen sind so erzogen, dass sie anderen Menschen nicht direkt in die Augen schauen dürfen.

Vielleicht können Sie sich jetzt die Erlaubnis geben, dass Sie Ihre Partner/-innen anschauen, ohne zu sprechen.

Schließen Sie nun bitte Ihre Augen, konzentrieren sich ab jetzt auf sich selbst und lassen Sie sich nicht ablenken von anderen Reizen.

Text: Bitte entspannen Sie sich und spüren Sie, wie angenehm dies ist sich zu entspannen und gleichzeitig wach zu sein. Sie sehen Ihren Partner oder Ihre Partner und bemerken, was Sie verbindet. Vielleicht finden Sie zuerst nur Ähnlichkeiten, die Sie miteinander teilen, dann geben Sie sich die Erlaubnis, zu bemerken, was Ihnen wirklich gemeinsam ist. Bemerken Sie auch Ihre Gefühle, die sich einstellen, wenn Sie Ihre Gemeinsamkeiten entdecken … (2 Minuten)

Nun stellen Sie sich vor, dass Sie diesen Raum verlassen und draußen durch die Straßen gehen. In Ihrer Vorstellung treffen Sie ein paar Leute und schauen sie an. Bemerken Sie wiederum Ihre Gefühle, wenn Sie entdecken, was es Gemeinsames gibt zwischen Ihnen selbst und denen, die Sie treffen.

Stellen Sie sich vor wie sie das ganze Land besuchen, den Norden, den Westen, den Osten und den Süden. Bemerken Sie Ihre Empfindungen, wenn Sie die Menschen treffen und feststellen, was Ihnen gemeinsam ist. (2 Minuten)
Besuchen Sie nun den ganzen Kontinent. (1 Minute)

Nun erforschen Sie den ganzen Kontinent, Sie treffen die Menschen, Frauen, Kinder, Männer. Nehmen Sie wahr, was Sie sehen, riechen, was Sie berühren, was Sie hören und bemerken Sie die Gefühle, wenn Sie entdecken, was Sie Gemeinsames verbindet mit jedem menschlichen Wesen auf dieser Erde. Und vielleicht sind Sie auf den Bergen oder in einem Dschungel oder in einer Wüste oder einem Meer … immer wenn Sie Menschen treffen … (2 Minuten)

Nun sehen Sie sich bitte selbst, wie Sie von dieser imaginären Reise zurückkehren. Kommen Sie zurück zu diesem Kontinent und in diese Stadt und in diesen Raum, zu Ihren Partnern auf dem Fußboden.

Öffnen Sie bitte die Augen. Lassen Sie sich ein paar Minuten Zeit, um darüber zu sprechen, was Sie entdeckt haben. (5 Minuten)
Stoppen Sie bitte Ihre Unterhaltung und betrachten Sie einige Augenblicke schweigend Ihre Partner.

Beschreibung der Phase 2 (abgewandelt in Anlehnung an Vopel)

Angenehme Aufforderung die Augen zu schließen, sich auf sich selbst zu konzentrieren und sich nicht ablenken lassen von anderen Reizen.

Text: Nun betrachten Sie Ihre Partner mit Ihrem geistigen Auge und bemerken, welche Gefühle sich einstellen, wenn Ihnen Ihre Unterschiedlichkeit bewusst wird. Lassen Sie sich dafür 2 Minuten Zeit.

Fühlen Sie, dass Sie im gleichen Augenblick entspannt und wach sein können. Nun stellen Sie sich wieder vor, dass Sie diesen Raum verlassen und einige Menschen draußen in der Stadt treffen. Schauen Sie jede Person, die Sie treffen, aufmerksam an ------- bemerken Sie Ihre Gefühle, wenn Sie feststellen, was Sie von jedem, den Sie treffen, unterscheidet.

Nun stellen Sie sich vor, Sie gehen wieder hinaus in das Land. Bemerken Sie Ihre Gefühle, wenn Sie all die Unterschiede feststellen und erleben zwischen Ihnen und den Menschen, die Sie treffen. Sie können an dieselben Plätze gehen und dieselben Leute treffen wie zuvor; oder Sie können es sich auch gestatten, neue Orte aufzusuchen ------ neue Menschen ------ neue Kontinente. Bemerken Sie Ihre Empfindungen, wenn Sie feststellen, inwiefern Sie definitiv anders sind als jeder andere Mensch, den Sie auf Erden treffen. (2 Minuten)

Nun sehen Sie, wie Sie von der imaginären Reise zurückkommen ----- zurück auf diesen Kontinent, zurück in diese Stadt, zurück in diesen Raum, zurück zu Ihren Partnern.

Bitte öffnen Sie wieder die Augen und geben Sie sich fünf Minuten Zeit, um einander mitzuteilen, was Sie entdeckt haben.

Beschreibung der Phase 3 (abgewandelt in Anlehnung an Vopel)

Beenden Sie bitte Ihre Unterhaltung und schauen Sie einander für einige Augenblicke schweigend an.

Angenehme Aufforderung die Augen zu schließen, sich auf sich selbst zu konzentrieren und sich nicht ablenken lassen von anderen Reizen.

Text: Vergegenwärtigen Sie sich bitte die Gemeinsamkeiten und Unterschiede, die Sie zuvor entdeckt haben. Zwischen sich selbst und jedem anderen Menschen, den Sie auf dieser Erde getroffen haben.

Machen Sie sich bewusst, dass diese speziellen Gemeinsamkeiten und Unterschiede Ihre Einzigartigkeit begründen. Nie zuvor hat es jemanden gegeben, der genauso ist wie Sie. Ihre Fingerabdrücke sind einzigartig.

Bemerken Sie Ihre Gefühle, wenn Sie sich sehen als ein einmaliges Wunder. Wenn Sie sich hören als ein einmaliges Wunder. Wenn Sie sich selbst empfinden als ein einmaliges Wunder.

Trotz geschlossener Augen können Sie nun Ihre Hände nach Ihren Partnern ausstrecken. Gestatten Sie sich bitte, dass Ihr Körper sich dabei wohlfühlt. Fassen Sie das Handgelenk Ihres linken Partners mit Ihrer linken Hand so, dass Sie seinen Pulsschlag spüren können, während Sie die rechte Hand dem Partner auf der rechten Seite so überlassen, dass er Ihren Pulsschlag spüren kann. Vielleicht dauert es ein wenig. Achten Sie bitte auf Ihre Gefühle, während Sie versuchen, den Pulsschlag Ihres Partners zu entdecken.

Gestatten Sie es sich zu spüren, was vorgeht. Lassen Sie sich bewusst werden, dass der Pulsschlag ein Spiegel des Lebens ist. Bemerken Sie Ihre Gefühle, wenn Sie in Ihrer Hand ein anderes Leben halten. Ein Leben, das in mancher Hinsicht genauso ist wie Ihr eigenes, in mancher Hinsicht ganz anders.

Bemerken Sie Farben, Töne, Rhythmen. Machen Sie sich bewusst, dass das Leben Ihres Partners genauso einzigartig ist, wie Ihr eigenes.

Bitte öffnen Sie wieder die Augen und geben Sie sich fünf Minuten Zeit, um sich mit Ihren Partnern/-innen auszutauschen.

3.5.16 Empathisch zuhören

Autorin	Erika Lüthi, in Anlehnung an das Modell der gewaltfreien Kommunikation von Marshall B. Rosenberg
Passend für Feld	Haltung
Entwicklung der Diversity-Kompetenz	Umgang mit Wahrnehmungen Empathische Kommunikation
Darum geht's	In dieser Übung geht es darum, die Gefühle und Bedürfnisse respektive das, was jemandem wichtig ist, hinter dem Erzählten zu erkennen und empathisch darauf einzugehen.
Ziele	Gefühle und Bedürfnisse hinter dem Erzählten erkennen
Benötigte Zeit	Je nach Gruppengröße unterschiedlich, 10 Minuten pro Person
Teilnehmende	Je nach Gruppengröße wird in Dyaden, 3er- oder 4er-Gruppen gearbeitet.
Räumliche Erfordernisse	Genügend Raum für die Arbeit in den Kleingruppen
Vorbereitung, Hilfsmittel	Keine
Besondere Hinweise	Keine
Beschreibung der Übung	1. Schritt: Eine Person erzählt eine für sie schwierige Situation. 2. Schritt: Die Zuhörerinnen und Zuhörer melden die Gefühle, Bedürfnisse und Werte, die sie hinter dem Erzählten entdeckt haben, zurück. 3. Schritt: Die erzählende Person meldet nun ihrerseits zurück, was davon bei ihr Anklang gefunden hat und was allenfalls für sie neu und/oder überraschend war. 4. Schritt: Siehe Reflexion im Plenum/Auswertungsfragen
Auswertungsfragen	Reflexion im Plenum: • Welche Gefühle und Bedürfnisse wurden mehrmals genannt? • Welche Wirkung hat ihr Erkennen auf das gegenseitige Verstehen? • Was nehme ich aus dieser Übung mit?
Varianten	Theoretischer Input zu „Gewaltfreie Kommunikation“ Die 4 Schritte: • wertfreie Beschreibung der Situation • eigene Gefühle beschreiben • eigene Bedürfnisse schildern • konkrete Bitte äußern

3.5.17 Erfolgsdefinitionen

Autorin	Anke Loose, abgeleitet aus Eva Kaminski: Mit Spiel zum Ziel, in managerSeminare 11/12/2004
Passend für Feld	Ziele
Entwicklung der Diversity-Kompetenzen	Umgang mit Wahrnehmungen (Sicherheit im Umgang mit sich selbst)
Darum geht's	Unterschiedliche Kriterien für Erfolg kennenlernen Erfolgsstorys teilen
Ziele	• Bedeutung unterschiedlicher Erfolgsdefinitionen (landestypisch, individuell) für die Teamarbeit erkennen • Erarbeiten einer gemeinsamen Erfolgsdefinition für das Team • Kommunikation gemeinsamer Ziele und Definition der Ziele nach außen
Benötigte Zeit	90 Minuten
Teilnehmende	8–20
Räumliche Erfordernisse	Keine
Vorbereitung, Hilfsmittel	Die Teilnehmenden werden im Vorfeld aufgefordert, Kopien von Zeugnissen, Urkunden, Fotos Auszeichnungen usw. mitzubringen, die für sie persönlich für Erfolg stehen. Außerdem werden sie gebeten, Fotos und Zeitschriften mitzubringen, die Erfolgssituationen aufzeigen.
Besondere Hinweise	Vorbereitung der Teilnehmenden erforderlich – daher genügend Vorlaufzeit einplanen.
Beschreibung der Übung	Die Teilnehmenden finden sich in gemischten Paaren. Die erste Person erzählt der anderen, was für sie Erfolg bedeutet. Der Partner hört nur zu, unterbricht nicht, stellt keine Fragen. Nach 10 Minuten wird gewechselt. Anschließend hat jeder Teilnehmende 3 Minuten Zeit, seine Erfahrungen – was er verstanden hat und was für ihn Erfolg bedeutet – aufzuschreiben. Dann werden mehrere gleich große gemischte Gruppen gebildet. Jede Gruppe gestaltet nun aus den gewonnenen Informationen und den mitgebrachten Materialien eine Zeitungsseite. Die neuen Informationen sollen bebildert und kommentiert wiedergegeben werden. Dazu kann geschrieben, gerissen, geklebt, gemalt werden. Anschließend stellt die gesamte Gruppe aus den Zeitungsseiten eine Wandzeitung her und findet eine gemeinsame Überschrift zum Thema Erfolg. Das Team stellt seinen eigenen zukünftigen Erfolg dar. Dabei sollte die gemeinsam erstellte Zeitungsseite so aussagekräftig sein, dass sie das gewünschte Zielpublikum (z. B. Auftraggeber) interessiert und informiert. Anschließend kann das Ergebnis reflektiert werden.
Auswertungsfragen	• Was gehört dazu, um den von uns dargestellten Erfolg zu erreichen? • Wie sehr kann sich jeder Teilnehmende damit identifizieren? • Was brauchen wir voneinander, um diesen Erfolg zu erlangen? • Wie setzen wir unsere Unterschiedlichkeiten und Ähnlichkeiten optimal ein?
Variante	Siehe Übung „Erfolge erkunden – voneinander lernen“

3.5.18 Erfolge erkunden – voneinander lernen

Autorin	Erika Lüthi, nach Heidi Neumann-Wirsig, bts Mannheim
Passend für Feld	Wechselwirkung Resonanz
Entwicklung der Diversity-Kompetenzen	Empathische Kommunikation (Ambiguitätstoleranz)
Darum geht's	Der Fokus wird auf die Erfolge, die Ressourcen, auf das, was gut läuft, gerichtet und dabei gleichzeitig das Voneinanderlernen unterstützt. Durch den Austausch entsteht eine Resonanz, die für die Zielerreichung greifbar wird.
Ziele	Die Erfolge werden erkannt, gegenseitig anerkannt und zum Lernen voneinander genutzt.
Benötigte Zeit	Je nach Teamgröße
Teilnehmende	3–10 Personen, ab 8 Personen in Untergruppen aufteilen
Räumliche Erfordernisse	Keine
Vorbereitung, Hilfsmittel	Keine
Besondere Hinweise	Es gilt gut darauf zu achten, dass die Erfolge nicht gewertet und gegeneinander ausgespielt werden.
Beschreibung der Übung	1. Schritt: Jede Person erzählt in 3 bis 4 Sätzen ein Erfolgserlebnis. Die anderen hören zu und berichten anschließend, welche Lehre sie für sich daraus ziehen: • „Ich lerne aus deinem Bericht für mich …" • „Ich könnte aus deinem Bericht die Lehre ziehen …" 2. Schritt: Gemeinsame Reflexion • „Wir lernen für uns und unsere Zusammenarbeit …" Dies in irgendeiner Form sichtbar und für die nächste Zukunft für alle immer wieder zugänglich machen (Plakat, Karten, Fotoprotokoll, Protokoll usw.)
Auswertungsfragen	• Welche unterschiedlichen Vorstellungen von Erfolg gibt es in der Gruppe? • Was bedeutet das für unsere Zusammenarbeit? • Was können wir hierzu voneinander lernen? • Worauf werden wir vor diesem Hintergrund besonders achten?

3.5.19 Es war einmal – unsere Teamgeschichte

Autorin	Überliefert, niedergeschrieben von Claudia Hartung
Passend für Feld	Haltung (Wechselwirkung)
Entwicklung der Diversity-Kompetenz	Umgang mit Wahrnehmungen
Darum geht's	Das Bewusstsein für die eigene berufliche Sozialisation und für diejenige der anderen wird geschärft, und die Entstehung/Ausprägung von Werten, Normen und Verhalten in der eigenen Institution wird exploriert.
Ziele	• Einblick in die berufliche Sozialisation der Kolleginnen und Kollegen bekommen • Unterschiedlichen Vorgehensweisen durch unterschiedliche Prägung in der eigenen Abteilung erkennen • Spannende neue Aspekte über die (wechselhafte) Geschichte der eigenen Institution erfahren
Benötigte Zeit	Die Übung braucht viel Zeit, bei 10 Teilnehmenden ca. einen halben Tag. Ideal als Abendveranstaltung am Beginn einer Maßnahme.
Teilnehmende	7–20 Teilnehmende Bei weniger als 7 Teilnehmenden ergibt sich kein Bild der Geschichte. Bei mehr als 20 Teilnehmenden wird die Übung zeitlich zu lang.
Räumliche Erfordernisse	Alle Teilnehmende sollten in einem großen Stuhlkreis im Raum Platz haben.
Vorbereitung, Hilfsmittel	Einen großen Stuhlkreis stellen Evtl. ein Plakat mit den Fragen vorbereiten Kärtchen und Stifte
Besondere Hinweise	Die Teilnehmenden weichen in der Übung gern von den gestellten Fragen ab. Evtl. ist es notwendig, die Redezeit der einzelnen Erzählenden zu begrenzen. Eine gewisse Offenheit und Vertrauen sollte im Team vorhanden sein.
Beschreibung der Übung	Das Team bildet eine Reihe nach dem Zeitpunkt, wann die Kollegin/der Kollege ins Team/die Institution gekommen sind, also vom „Teamältesten“ zum „Teamjüngsten“. Jeder prägt sich seinen Platz in dieser Reihenfolge ein und sucht sich einen Platz im Stuhlkreis. Alle Teammitglieder schreiben ein Kärtchen mit dem Datum des Eintrittes in die Institution und befestigen dieses Kärtchen an der Kleidung. Der/die Teamälteste setzt sich mit seinem Stuhl in die Mitte des Stuhlkreises und erzählt anhand der Fragen: • Wann sind Sie in die Abteilung/das Team usw. gekommen? • Was haben Sie damals angetroffen? • Was waren Ihre Aufgaben, Anforderungen? • Was waren damals aktuelle Themen, Vorfälle, Ereignisse, Anliegen? • Welche Werte und Regeln wurden vertreten? • Wie haben Sie Ihren Einstieg in die Institution empfunden?

Beschreibung der Übung	Wenn der Erzählende mit seiner Geschichte endet, kommt der, in der Reihe als Nächster, also der Zweitälteste, in die Mitte und erzählt anhand der Fragen seine Geschichte. So geht es weiter bis zum Teammitglied, das erst die kürzeste Zeit im Team ist. Die Geschichtenerzähler in der Mitte dürfen sich nach jedem Beitrag kurz austauschen, fragen und ergänzen. Die Teilnehmenden im Außenkreis hören nur zu.
Auswertungsfragen	Nachdem jeder seine Geschichte erzählt hat, wird mit folgenden Fragen ausgewertet: • Wie geht es Ihnen mit Ihrer Institutionsgeschichte, was war neu, bekannt usw.? • Welche Ereignisse in der Geschichte haben Ihr Verhalten besonders geprägt? • Was können Sie an Ihren Kolleginnen/Kollegen jetzt anders sehen oder besser nachvollziehen? • Welche Werte, Verhaltensweisen, haben sich in der Entstehungsgeschichte durchgesetzt und warum sind sie so wichtig?
Varianten	Durch andere oder weniger Fragen können der Fokus und die Zeitlänge der Übung beeinflusst werden. Es ist auch möglich, dass niemand im Innen- und Außenkreis zwischen den Geschichten miteinander sprechen darf, oder dass nur der Außenkreis sich über das Gehörte austauschen darf.

3.5.20 Farbdiagnose eines Konfliktes und Intervention mit Farben

Autorin	Anke Loose nach Friedrich Glasl (unveröffentlichtes Manuskript)
Passend für Feld	Wechselwirkung
Entwicklung der Diversity-Kompetenzen	Umgang mit Wahrnehmungen Ambiguitätstoleranz
Darum geht's	Einen Konflikt aus verschiedenen Perspektiven und mit einem analogen Medium betrachten und dadurch andere Wahrnehmungen einer Situation erschließen und intuitive Zugänge zu Lösungen erleichtern.
Ziele	Zusätzlich zur verbalen und rationalen Diagnose eines konkreten Konfliktes erleben, wie andere Medien noch andere Bereiche der vielschichtigen sozialen Wirklichkeit erschließen und anschaulich machen können. Und aus der Intuition heraus Ansätze für die Konfliktbehandlung entdecken, die danach in konkrete Interventionen umgesetzt werden können.
Benötigte Zeit	60–120 Minuten, je nach Teamgröße, Fall und Intensität
Teilnehmende	5–12 Personen
Räumliche Erfordernisse	Keine
Vorbereitung, Hilfsmittel	Flipchart oder andere große Papierbögen und ausreichend bunte Stifte bzw. Wachsmalkreiden
Besondere Hinweise	Bei bereits stark verhärteten Konflikten kann diese Vorgehensweise zu spielerisch erscheinen
Beschreibung der Übung	Im Idealfall gibt es zwei Konfliktparteien und eine Gruppe neutraler bzw. nicht involvierter Personen. Jede Konfliktpartei erläutert einer Kleingruppe seine Perspektive und legt für die wichtigsten beteiligten Personen je eine Farbe fest. Diese Farbzuteilung wird auf dem Blatt deutlich sichtbar als Legende notiert. 1. Schritt: Jedes Gruppenmitglied repräsentiert eine der Hauptpersonengruppen des Konfliktfalles, wobei Fallbringer/-innen und Betroffene mitmachen können aber sich nicht selber malen. Die Gruppe drückt über Farbinteraktionen aus, wie diese im Konfliktfall miteinander umgehen. So entsteht ein Bild der Beziehungen der Konfliktparteien in der gegenwärtigen Situation (15 – 20 Min). Die Gruppe spricht kurz darüber, was an der gemalten Situation auffällig ist und welche Muster zu erkennen sind. 2. Schritt: Anschließend gehen beide Gruppen zu einem Bild. Jene die gemalt haben, artikulieren, was sie während des Prozesses erlebt haben. Die Gruppe, die nicht gemalt hat, drückt aus, was sie an Mustern, an Qualität im Bild sehen. Danach identisches Vorgehen am Bild der anderen Gruppe. 3. Schritt: Die Gruppen tauschen die Plätze und malen die folgende Sequenz am Bild der anderen Gruppe. Der Auftrag dazu lautet: „Wenn der Schutzengel jeder beteiligten Person raten könnte, was zu tun ist, damit es insgesamt mit der Gemeinschaft besser geht – was würde er dann raten? Male diesen Rat und lasse die Person so agieren. Die Fallbringer/-innen und Beteiligte wählen eine Farbe für sich selbst und machen erste, deutliche Interventionen in der bestehenden Situation.

Beschreibung der Übung	Um einen Perspektivenwechsel zu begünstigen, tauschen die Gruppenmitglieder so, dass für die heilenden Interventionen eine andere Person mit der dazu gehörigen Farbe gewählt wird. Anschließend Reflexion in den Fallgruppen, welche Lösungen das in der Praxis bedeuten könnte (15 – 20 Min). 4. Schritt: Analog Schritt 2 – anschließend gemeinsame Reflexion, was sie durch das Malen erkannt haben und welche Lösungen sie vereinbaren wollen
Auswertungsfragen	• Konnte durch das Malen das Bild wieder als Ganzes überschaut werden? • Was wurde an unterschiedlichen Haltungen deutlich? • Welche Wechselwirkungen sind erkennbar? • Welchen besonderen Beitrag leisten die unterschiedlichen Parteien zur Erreichung unseres Zieles?
Varianten	• Fallbringer/-innen und Konfliktbeteiligte malen in Schritt 2 nicht selber mit • Wenn ein Konflikt die gesamte Gruppe betrifft und spaltet: Gruppen werden entsprechend der Konfliktlinie eingeteilt – je Position/Seite eine Gruppe. In dem Fall sind weitere Spielregeln sinnvoll: z. B. dass jede Gruppe den Konflikt aus der Perspektive der anderen Gruppe zeichnet, dass Veränderungen in Schritt 3 nur Ergänzungen sein dürfen und die Schritte der eigenen Partei sein müssen

3.5.21 Farbe bekennen

Autorin	Anke Loose, nach Helga Losche
Passend für Felder	Haltung (Wechselwirkung)
Entwicklung der Diversity-Kompetenz	Umgang mit Wahrnehmungen
Darum geht's	Die Teilnehmenden erfahren, wie sie sich in Situationen verhalten, in denen sie die Regeln nicht kennen oder in denen Regeln nicht eindeutig sind. Es geht dabei auch um Macht und Dominanz. Wer setzt sich durch, wenn die Regeln nicht eindeutig sind?
Ziele	Sensibilisierung für andere oder verdeckte Spielregeln
Benötigte Zeit	35–50 Minuten
Teilnehmende	16–64
Räumliche Erfordernisse	Je vier Teilnehmende sitzen an einem Tisch – die Tische sollten weit genug auseinander stehen, dass man nicht jedes Wort vom Nachbartisch versteht.
Vorbereitung, Hilfsmittel	Für je 4 Teilnehmende je ein Kartenspiel und eine Anweisung
Besondere Hinweise	Kann zu Wut auf den Moderator/ die Moderatorin führen. Bei geübten Gruppen wird das Spiel selbst schnell durchschaut – dann besonders auf das Thema „wer setzt sich durch“ und „wie einigt man sich“ achten
Beschreibung der Übung	Alle Teilnehmenden sitzen zu viert um je einen Tisch – sollte die Zahl der Teilnehmenden nicht durch vier teilbar sein, gibt es zusätzliche Beobachtende, die in die Spielregeln eingeweiht sind. Jeder Tisch bekommt eine Anweisung und ein Kartenspiel. Die Anweisungen geben an jedem zweiten Tisch einen anderen Trumpf vor! 1. Runde: Alle lesen die Anweisung und spielen entsprechend, um sich an das Spiel zu gewöhnen. Es darf noch gesprochen werden. Nach ca. 8 Minuten werden die Anweisungen eingesammelt und es darf nicht mehr gesprochen und nicht geschrieben werden. 2. Runde: Jeweils 2 gegenüberliegende Mitspielende wechseln gemeinsam an den nächsten Tisch (mit der anderen Trumpfanweisung, was sie nicht wissen). Es ist wichtig, dass im Raum absolutes Schweigen gehalten wird. (5–8 Minuten) 3. Runde: Um den Druck noch zu erhöhen, wird für das Team, das die meisten Stiche macht, ein Preis ausgesetzt. Ohne Worte geht das Spiel weiter (5-8 Min) Die Beobachtenden bekommen die Aufgabe, besonders zu Beginn von Runde 2 auf kleine non-verbale Signale und Reaktionen zu achten.
Auswertungsfragen	Auswertung an den Tischen oder/und im Plenum: • Wie ging es ihnen mit den unterschiedlichen Regeln Was ging ihnen durch den Kopf? • Welche Gefühle hat es ausgelöst? • Wie hat sich der unerwartete Kontext auf die Kommunikation ausgewirkt? • Wer hat sich durchgesetzt?

Auswertungsfragen	• Welche Gefühle hat das ausgelöst? • Wie wurden Konflikte gelöst? • Was hat der Preis bewirkt? • Wie gehe ich sonst mit Situationen um, in denen ich merke, dass ich die Regeln nicht kenne? Die Auswahl der Fragen steuert, auf welchem Feld der Schwerpunkt liegt (Haltung oder Wechselwirkung).
Variante	Nur eine Person je Tisch wechselt – dann hat das Thema als Minderheit am Tisch eine andere Dynamik.

Spielanleitung A – Farbe bekennen (zitiert aus Helga Losche, Interkulturelle Kommunikation)

- Das Spiel erhält von jeder Farbe die Karten 2, 3, 4, 5 und Ass.
- Die Geberin mischt und gibt reihum allen Mitspielerinnen eine Karte, bis alle fünf Karten in den Händen halten.
- Wer links der Geberin sitzt, spielt als Erstes aus. Dann folgen die anderen im Uhrzeigersinn.
- Die Farbe (Herz, Karo, Pik, Kreuz), die als Erste liegt, muss auch von den anderen gespielt werden, sofern sie sie auf der Hand haben. Kann jemand die Farbe nicht zugeben, hat er freie Auswahl. Die jeweils höhere Zahl sticht.
- Pik ist Trumpf und sticht daher die anderen Karten.
- Die Spielerinnen, die sich jeweils gegenübersitzen, bilden ein Team.
- Es gewinnt das Team mit den meisten Stichen (nicht Punkten).

Spielanleitung B – Farbe bekennen

- Das Spiel erhält von jeder Farbe die Karten 2, 3, 4, 5 und Ass.
- Die Geberin mischt und gibt reihum allen Mitspielerinnen eine Karte, bis alle fünf Karten in den Händen halten.
- Wer links der Geberin sitzt, spielt als Erstes aus. Dann folgen die anderen im Uhrzeigersinn.
- Die Farbe (Herz, Karo, Pik, Kreuz), die als Erste liegt, muss auch von den anderen gespielt werden, sofern sie sie auf der Hand haben. Kann jemand die Farbe nicht zugeben, hat er freie Auswahl. Die jeweils höhere Zahl sticht.
- Kreuz ist Trumpf und sticht daher die anderen Karten.
- Die Spielerinnen, die sich jeweils gegenübersitzen, bilden ein Team.
- Es gewinnt das Team mit den meisten Stichen (nicht Punkten).

3.5.22 Farbpalette

Autorin	Erika Lüthi nach einer Idee von Willem de Liefde, Ubuntu
Passend für Feld	Resonanz
Entwicklung der Diversity-Kompetenzen	(Umgang mit Wahrnehmungen) Ambiguitätstoleranz
Darum geht's	Selbst ausgewählte Farben werden den einzelnen Teammitgliedern zugeordnet. Dadurch erhält das Team einen Gesamteindruck über seine Vielfalt.
Ziele	• Die einzelnen Teammitglieder erhalten Feedbacks wie sie als Farbtupfer im Team von den anderen wahrgenommen werden. • Das Team erhält ein Feedback als gesamtes zu seiner Vielfalt und Farbigkeit.
Benötigte Zeit	Je nach Team- oder Gruppengröße (bei 12 Teilnehmenden ca. 90 Minuten)
Teilnehmende	Bis 12
Räumliche Erfordernisse	Keine
Vorbereitung, Hilfsmittel	Verschiedene Farben für die Zusammenstellung der Farbpalette. Dies können Pastellkreiden, Wasserfarben oder verschiedenfarbiges Papier sein.
Besondere Hinweise	Keine
Beschreibung der Übung	1. Schritt: alle Teilnehmenden überlegen sich, welche Farbe sie den andern Teammitgliedern zuordnen. 2. Schritt: Jedes Teammitglied erhält von jedem Teammitglied die ihm zugeordnete Farbe mit einer kurzen Erklärung, warum gerade diese Farbe ausgewählt wurde und was dem Farbgeber/der Farbgeberin selber diese Farbe bedeutet. 3. Schritt: Gemeinsam wird die Farbpalette des Teams zusammengestellt.
Auswertungsfragen	• Welche Farben dominieren? Wofür stehen diese Farben? Welchen Einfluss haben sie auf das erfolgreiche Arbeiten des Teams, auf die Erreichung der Ziele? • Welche Farben fehlen? Welche der fehlenden Farben haben einen relevanten Einfluss auf die Zielerreichung, die Auftragserfüllung? • Wie könnten die fehlenden Farben ins Team geholt werden? Welche Unterstützung braucht das Team?

3.5.23 Farbübung: Umgang mit Störungen

Autorin	Elisabeth Cohen, in Anlehnung an Dr. Fritz Glasl (persönliche Mitschrift während einer Weiterbildungstagung 2005)
Passend für Felder	Haltung Wechselwirkung
Entwicklung der Diversity-Kompetenz	Ambiguitätstoleranz
Darum geht's	Die Teilnehmenden lassen sich auf eine kreative nonverbale Kommunikation in der Gruppe ein. Sie erfahren dabei ihre Reaktionen auf Störungen und erarbeiten gemeinsam konstruktive Lösungen zu deren Behebung (nonverbal und verbal).
Ziele	Das Bewusstsein für persönliche Reaktionen auf Störungen wird geschärft. Gemeinsam wird ein konstruktiver Umgang damit ausprobiert und erarbeitet.
Benötigte Zeit	30–45 Minuten, je nach Anzahl der Subgruppen
Teilnehmende	Beliebige Gruppengröße, unterteilt in Subgruppen à 4 Personen
Räumliche Erfordernisse	Stühle für je 4 Personen und Arbeitstische
Vorbereitung, Hilfsmittel	Pro Subgruppe ca. 4 Minuten Wachsmalfarben Plakat/Flipchartbogen auf dem Tisch befestigen und darauf einen Bilderrahmen malen, der die ganze Fläche umrahmt
Besondere Hinweise	Es ist wichtig, dass die Übung vollumfänglich schweigend ausgeführt wird. Nach den Anweisungen durch den Moderator/die Moderatorin ist auch er/sie während der ganzen Übung bis zur Reflexionsphase schweigend anwesend. Diese Regel sollte während der ganzen Übung eingehalten werden.
Beschreibung der Übung	Ablauf und Anweisung an die Teilnehmenden: 2 Paare sitzen einander gegenüber, die eine Seite hat 3 warme Farben, die andere Seite 3 kalte Farben zur Verfügung. Die Farben symbolisieren: kalt – den Winter, warm – den Sommer Aufgabenstellung: Achtung, es malt jeweils nur eine Person! 1. Schritt: Jahreszeiten malen: Die „Winterseite" beginnt, zu malen, dann malt die „Sommerseite", wobei die Bildmitte am Anfang noch ausgespart ist. 2. Schritt: Die „Jahreszeiten" gehen über – der Winter zum Frühling und der Sommer zum Herbst und schließen zunehmend aneinander an. Das Bild wird ganz ausgemalt, dann wird betrachtet, wie die Jahreszeiten ineinander übergehen – immer noch schweigend. Der Moderator/die Moderatorin achtet auf den Moment, wenn ein Bild ganz ausgemalt ist, und provoziert eine störende Aktion: Mit einem kurzen kräftigen Schwung malt der Moderator/die Moderatorin mit schwarzer Farbe eine kräftige Bewegung ins Bild und geht schweigend wieder weg. Die Gruppe ist jetzt herausgefordert, auf die Störung zu reagieren. Bitte beachten Sie weiterhin die beiden Spielregeln: Es wird nicht gesprochen, und es malt weiterhin jeweils nur eine Person.

	Nachdem die Gruppe mit der Störung gearbeitet hat, werden die Subgruppen aufgelöst: Zuerst betrachten die Teilnehmenden schweigend ihr neues Werk, anschließend können die Teilnehmenden alle Bilder auf den Tischen anschauen.
Auswertungsfragen	• Wie ist es Ihnen ergangen? • Was ist Ihnen aufgefallen? • Hat sich nach der Störung etwas für Sie persönlich/für die Gruppe verändert? • Was hat die Störung bei Ihnen ausgelöst? • Welche unterschiedlichen Reaktionen haben Sie festgestellt? • Wie haben diese Unterschiede und Ähnlichkeiten auf Sie persönlich und damit auf die Ausdruckskraft des Bildes gewirkt? • Hat das Bild an Ausdruckskraft gewonnen oder ist es zerstört worden? • Konnten Sie als Gruppe einen konstruktiven Umgang mit dieser Störung finden? Wie haben Sie dies gemacht? • Was empfindet das einzelne Gruppenmitglied im gemeinsamen Alltag als störend? Wie gehen der Einzelne und die Gruppe damit um? • Wie gedenken Sie, in Zukunft in der Gruppe mit Störungen umzugehen?

3.5.24 Feedback-Geschenke

Autorin	Anke Loose
Passend für Feld	Wechselwirkung
Entwicklung der Diversity-Kompetenzen	Empathische Kommunikation
Darum geht's	Untergruppen, z. B. verschiedene Funktionen oder Standorte, erarbeiten gegenseitig Feedback zu ihrer Zusammenarbeit und ihren Wünschen an die anderen.
Ziele	• Wertschätzung der guten Dinge in der Zusammenarbeit • Möglichkeit geben, Verbesserungen anzuregen und Wünsche zu äußern • reflektieren, welche Wünsche und Bedürfnisse die anderen an einen selber haben • Feedback nehmen erleichtern
Benötigte Zeit	60–120 Minuten, je nach Anzahl der Unterteams und benötigter Diskussionszeit. Vorbereitung ca. 20 Minuten je Feedback an eine andere Untergruppe – d. h. bei 4 Untergruppen insgesamt sind das 3 mal 20 Minuten, da jeder das Feedback für 3 Gruppen vorbereitet Diskussionszeit: ca.15 – 30 Minuten je Paarung von Untergruppen planen – aber Zeit nicht durch strukturieren
Teilnehmende	Beliebig
Räumliche Erfordernisse	Ein Gruppenraum je Untergruppe
Vorbereitung, Hilfsmittel	Flipchart oder andere große Papierbögen und ausreichend bunte Stifte bzw. Wachsmalkreiden, Bastelmaterial, z. B. Krepppapier, Schleifen, Scheren, Kleber und anderes
Besondere Hinweise	Insbesondere, wenn die Teilnehmenden aus unterschiedlichen Feedback-Kulturen kommen oder noch wenig Erfahrung im Feedback geben und nehmen haben, kann diese Form die Akzeptanz von Feedback erleichtern und die Hürde reduzieren, auch kritisches Feedback zu geben.
Beschreibung der Übung	Hilfreich ist ein kurzer Input zu Feedbackregeln und dem Nutzen von Feedback. Hier sollte auch schon die Metapher eingeführt werden, dass Feedback ein Geschenk ist. Anschließend bereitet jede Untergruppe ein Feedback an jede andere Untergruppe zu folgenden Fragen vor: • Was wir an Euch schätzen • Was wir denken, das ihr von uns braucht/gerne hättet • Was uns an Euch weniger gefällt • Was wir uns von Euch wünschen Die Feedbacks werden notiert – an Feedbackregeln erinnern! – und anschließend aufwendig als Geschenk verpackt und gestaltet. Wenn alle Feedbacks fertig sind, werden diese feierlich überreicht. Jede Gruppe zieht sich mit ihren erhaltenen Geschenken wieder in ihren Raum zurück

	und betrachtet die Feedbacks, überlegt sich Fragen dazu und eventuell auch schon, welche Wünsche sie eventuell erfüllen können und was sie dazu brauchen. Dann ist Zeit, in denen die Gruppen sich gegenseitig besuchen und über die Feedbacks ins Gespräch kommen. Die Zeit sollte zunächst frei gestaltbar sein, so dass jede Gruppe entscheidet, mit wem sie reden will und wie lange. Es sollte eine Freiwilligkeit da sein, ins Gespräch zu kommen. Dies führt erfahrungsgemäß in der Regel zu sehr offenen und interessierten Gesprächen.
Auswertungsfragen	• Was haben wir über die Sicht der anderen auf uns gelernt? • Was nehmen wir uns vor, was wollen wir verändern? Was können wir vereinbaren? • Wie war es, Feedback auf diese Art und Weise zu bekommen? • Wie wollen wir zukünftig mit Feedback umgehen?
Variante	Wenn es zu viele Untergruppen gibt, kann jede nur für 2 andere ein Feedback erarbeiten.

3.5.25 Feedback mit Metaphern

Autorin	Anke Loose, in Anlehnung an Gellert/Nowak
Passend für Feld	Wechselwirkung
Entwicklung der Diversity-Kompetenz	Empathische Kommunikation
Darum geht's	Persönliches Feedback bekommen und Verdeutlichen der Unterschiede mithilfe von kreativen Methoden
Ziele	Gegenseitiges Feedback der Teammitglieder fördert die Teamentwicklung; die Vielfalt des Teams wird bildhaft verdeutlicht.
Benötigte Zeit	Bei 12 Personen ca.120 Minuten Vorbereitung und ca. 60 Minuten im Gesamtteam
Teilnehmende	Ca. 12
Räumliche Erfordernisse	Keine
Vorbereitung, Hilfsmittel	Moderationskarten (eckige Karten und runde, große Scheiben)
Beschreibung der Übung	Das Team wird in 3 Subteams aufgeteilt. Jedes Subteam arbeitet für jedes Mitglied des Gesamtteams ein Feedback aus. Dabei werden auch die Mitglieder des eigenen Subteams bedacht. Kriterien sollen sein: • Verhaltensweisen • Eigenschaften, die die Mitglieder wahrgenommen zu haben meinen • Wirkung auf die Mitglieder der Untergruppe Die Feedbacks werden auf eckige Karten geschrieben. Ist das Mitglied im eigenen Subteam an der Reihe, verlässt es für diese Zeit den Raum. Dann bekommt jedes Subteam ein unterschiedliches Motto – z. B. Zirkus, Sportarten, Orchester, Landschaften, Werkzeuge, Tiere o. Ä. Die Gruppe sucht für jede Person ein individuelles Symbol innerhalb des zugeteilten Mottos, das ihre erarbeiteten Feedbackergebnisse am besten widerspiegelt. Dieses Symbol malen sie auf eine runde Moderationskarte. Anschließend werden die runden Symbolkarten der 3 Gruppen unter das jeweilige Motto an die Moderationswand gehängt. Jeder erhält von den 3 Gruppen sein Feedback, bekommt die eckigen Moderationskarten überreicht und nimmt sich am Schluss seine 3 Symbolkarten mit.
Auswertungsfragen	• Was war neu oder sogar überraschend für Sie? • Welche Metapher von anderen interessiert Sie besonders für eine weitere Vertiefung? • Gab es kritische, vielleicht sogar abwertende Bilder, und wie sind Sie damit umgegangen? • Mit welchen Vorsätzen gehen Sie jetzt weiter?

3.5.26 Fieberkurve des Teamprozesses

Autorin	Anke Loose, in Anlehnung an Gellert/Nowak
Passend für Feld	Resonanz
Entwicklung der Diversity-Kompetenzen	(Umgang mit Wahrnehmungen) Empathische Kommunikation
Darum geht's	Die Fieberkurve ermöglicht eine Rückschau auf den bisherigen Teamprozess bzgl. der Prozesselemente „Inhalte, Gruppe und eigene Person". Sie bietet anschließend die Möglichkeit, die individuellen Einschätzungen und Empfindungen miteinander zu vergleichen.
Ziele	Erstellen einer „Lernbilanz" Aufspüren von Lernfeldern für die weitere Zusammenarbeit
Benötigte Zeit	Ca. 75 Minuten
Teilnehmende	Bis 25
Räumliche Erfordernisse	Je nach Anzahl Teilnehmende
Vorbereitung, Hilfsmittel	Ein halber Flipchartbogen pro Person
Beschreibung der Übung	Die Teammitglieder werden gebeten, die gemeinsame Arbeit noch einmal in Gedanken Revue passieren zu lassen und sich daran zu erinnern, was sie als Höhen und Tiefen in der Zusammenarbeit empfunden haben in Bezug auf die inhaltlichen Ergebnisse, die Teamatmosphäre sowie die persönliche Entwicklung und Befindlichkeit. Jedes Teammitglied erhält einen halben Flipchartbogen und drei verschiedenfarbige Stifte. In Einzelarbeit wird für jeden der drei Aspekte eine „Fieberkurve" für den gesamten Teamprozess mit seinen positiven und negativen Ausschlägen auf den Flipchartbogen gezeichnet. Eine mittlere durchgezogene Linie markiert jeweils die Nulllinie. Besondere Höhen und Tiefen werden mit konkreten Ereignissen und/oder Daten benannt.
Auswertungsfragen	Zunächst tauschen sich die Teammitglieder in Kleingruppen zu drei bis vier Personen über ihre Fieberkurven aus. Gemeinsamkeiten werden auf einem Flipchart in Stichworten festgehalten (Zeitvorgabe: 30 Minuten). Anschließend werden die Gruppenergebnisse im Plenum präsentiert und diskutiert. In der anschließenden Reflexion können wichtige Konsequenzen und Vorschläge für eine künftige Teamarbeit gesammelt werden. Reflexionsfragen könnten sein: • Wo gibt es Unterschiede in der Interpretation von Ereignissen auf der Fieberkurve? • Welche Ereignisse haben uns als Team verändert? • An welchen Erlebnissen haben wir gelernt? Was genau? • Gibt es Wiederholfälle/Häufungen/Muster? • Wie können wir in Zukunft noch effizienter lernen?

3.5.27 Forscher/-innen und Bergführer/-innen

Autoren	Erika Lüthi und Stephan Orths
Passend für Feld	Resonanz
Entwicklung der Diversity-Kompetenz	Ambiguitätstoleranz
Darum geht's	Die Teilnehmenden übernehmen fremde Rollen, können in Stereotypen eintauchen, diese lustvoll ausleben – ohne die anderen zu verletzen. Sie erfahren auch, wie hilfreich die unterschiedlichen Rollen zur kreativen Erreichung eines Zieles sein können und wo – gerade auch in ihrem Team – mögliche Stolpersteine sein könnten.
Ziele	Nutzen der Vielfalt erkennen und die Kraft der Synergie erleben
Benötigte Zeit	1 Stunde 45 Minuten
Teilnehmende	Mindestens 12; bei größeren Gruppen andere Gruppierungen mit jeweils einer anderen Fragestellung wählen (siehe Varianten)
Räumliche Erfordernisse	Räume für die Gruppenarbeiten
Vorbereitung, Hilfsmittel	Flipcharts
Besondere Hinweise	Diese Übung eignet sich nicht für Teams, die zu fest in Konflikte verstrickt sind.
Beschreibung der Übung	1.Schritt: Wir bilden 2 Gruppierungen: eine Gruppe der Forscher/Forscherinnen und eine Gruppe der Bergführer/Bergführerinnen In den 2 Kleingruppen wird während 20 Minuten über folgende Fragestellungen ausgetauscht und auf einem Flip festgehalten: • Was haben wir gemeinsam? • Was denken wir, haben die anderen gemeinsam? • Was ist uns fremd? • Was unterscheidet uns? • Was ist das Spezielle unserer Gruppe? 2. Schritt: Vorstellen im Plenum, 15 Minuten 3. Schritt: Forscher und Bergführer erhalten den Auftrag, sich für ein überzeugendes nationales Projekt zusammenzuschließen, da sie nur so von der Regierung weiterhin finanzielle Unterstützung erhalten. Die Gruppen erhalten den Auftrag, sich dazu auch mit folgenden Fragen auseinanderzusetzen: Warum gerade wir, welche besondere Qualität bringen die Untergruppen ein? Wie entsteht aus den unterschiedlichen Qualitäten der Bergführer und Forscherinnen etwas Besonderes? Das gemeinsam Erarbeitete soll in Form eines Werbespots der Jury (Kursleitung) vorgestellt werden. (Zeit: 25 Minuten) 4. Schritt: Werbespot vorstellen 5. Schritt: Reflexion

Auswertungsfragen	• Wodurch war der Werbespot überzeugend? • Wie ist euch das Zusammenbringen der Unterschiede gelungen? Wie habt ihr das gemacht? • Wie seid ihr mit den Unterschieden umgegangen? Wo waren sie störend, wo hilfreich? Wie habt ihr sie genutzt? Transfer: • Welche Unterschiede haben wir im Team? • Welche Erfahrungen machen wir damit? • Wie nutzen wir die Synergien? • Wie wird Vielfalt gefördert und genutzt? Was behindert sie? • Was können wir tun, um unsere Vielfalt noch besser zu nutzen? • Was lässt sich aus dieser Übung auf uns übertragen?
Varianten	Weitere Ideen für dieses Rollenspiel: • zum Überleben eines Königinnenreichs beitragen (Handwerker/-innen, Ärzte/Ärztinnen und Künstler/-innen) • zur Verschönerung des Ortsbildes beitragen (Frauenverein, Dorfmusik, Schachklub und Skater oder andere) oder ein Begegnungszentrum einrichten

3.5.28 Hip-Hop

Autor	Rolf Grillo
Passend für Felder	Wechselwirkung (Resonanz)
Entwicklung der Diversity-Kompetenzen	Umgang mit Wahrnehmungen (Ambiguitätstoleranz)
Darum geht's	Wachsamkeit – Achtsamkeit – Reaktionsfähigkeit
Ziele	Exakt und selbstbewusst reagieren, dabei im gemeinsamen Rhythmus sein – im Fluss bleiben mit sich und anderen
Benötigte Zeit	Je nach Gruppe 5–10 Minuten
Teilnehmende	2–50
Räumliche Erfordernisse	Großer Raum ohne Stühle, in dem die Teilnehmenden gehen können
Vorbereitung, Hilfsmittel	Es empfiehlt sich, die Übung „Der kleinste gemeinsame Nenner" voranzustellen. Trommel, die einen einfachen, groovigen Grundpuls spielt, zu dem die Teilnehmenden individuell in einem gemeinsamen Tempo gehen
Besondere Hinweise	Die Gruppe marschiert zur Trommel im Kreis, die ganze Übung wird dadurch zu statisch, militärisch. Tipp: Immer wieder darauf hinweisen durcheinander zu gehen, wenn möglich das Gehen mit einem Instrument begleiten
Beschreibung der Übung	Die Teilnehmenden sollen wenn möglich ihre Schuhe ausziehen (geht auch mit Schuhen, aber ohne ist es leiser). Die Teilnehmenden gehen in einem gemeinsamen Tempo durch den Raum, werden von einer Trommel begleitet, die einen gleichmäßigen Rhythmus spielt. Die Spielleitung ruft „Hip", darauf reagieren die Gehenden exakt mit einem Klatschen in die Hände, dieses Klatschen sollte genau mit dem Fuß zusammen kommen, der als Nächstes nach dem Ruf „Hip" den Boden berührt. Die Spielleitung ruft in unterschiedlichen Abständen das „Hip" in die Gruppe, sodass sich ein rhythmisches Miteinander ergibt, das leicht von allen umgesetzt werden kann. Je nachdem auf welchem Fuß sie Hip ruft, kommt das Klatschen mal auf den rechten, mal auf den linken Fuß der Teilnehmenden. Diese Variation stellt in sich bereits eine große Herausforderung dar. Wenn sich das Abwechseln von Rufen und Klatschen etabliert hat, ruft die Spielleitung „Hop". Darauf reagieren die Teilnehmenden mit Rückwärtsgehen. Wichtig dabei: im Rhythmus bleiben und weitergehen! Beim nächsten Ruf „Hop" der Spielleitung gehen die Teilnehmenden wieder vorwärts Hop – bedeutet also Richtungswechsel, Hip – in die Hände klatschen. Die Leitung kann jetzt kreativ variieren zwischen Hip- und Hop-Rufen und dadurch die Gruppe eher stabilisieren oder durcheinanderbringen. Die Übung mit einem klaren musikalischen Zeichen (z. B. Gong, Trommelwirbel) beenden. Die Teilnehmenden bleiben am Platz stehen, es entsteht wieder ein Moment der Stille zum Nachspüren.

Auswertungsfragen	• Wie exakt haben Sie die Aufgabe für sich gelöst? • Wie haben Sie den Gruppenprozess auf dem Weg zur Lösung erlebt? • Wie ist Ihnen die Balance zwischen eigenem Rhythmus und empathischem Miteinander gelungen? • Was waren hilfreiche Lösungsstrategien – welche anderen eher weniger zielführend? • Welche unterschiedlichen Verhaltensweisen haben Sie erlebt und welche Wechselwirkung entsteht?
Varianten	Die Spielleitung kann der Gruppe zusätzlich kleine melodische Motive vorsingen. Die Gruppe hat dann die Aufgabe, diese Motive melodisch exakt nachzusingen. Dieses Singen kann dann mit den Hip- und Hop-Rufen abwechseln. So kann die Komplexität in einer Weise erhöht werden, dass die Gruppe (und wenn die Spielleitung nicht aufpasst, auch sie) völlig durcheinandergewirbelt wird – der garantierte Weg ins Chaos.

3.5.29 Ich mache einen Unterschied

Autor	Hans Oberpriller
Passend für Feld	Resonanz
Entwicklung der Diversity-Kompetenz	Ambiguitätstoleranz
Darum geht's	Die Teammitglieder entdecken die Unterschiedlich- und Ähnlichkeiten im Team.
Ziele	• Unterschiede im Team sichtbar machen • Relevante Unterschiede erkennen
Benötigte Zeit	90 Minuten
Teilnehmende	Bis 12 Teammitglieder
Räumliche Erfordernisse	Keine
Vorbereitung, Hilfsmittel	Keine
Besondere Hinweise	Die Teammitglieder sollten bereits auf Vielfalt und Unterschiede im Team sensibilisiert sein.
Beschreibung der Übung	Die Teilnehmenden arbeiten einzeln an folgendem Auftrag: Sie haben die Aufgabe, sich den anderen im Team vorzustellen unter folgenden Aspekten: Welche Vielfalt verbirgt sich in mir? Stellen Sie sich so dar, dass Ihre ganze Vielfalt an Fähigkeiten, Fertigkeiten, Einstellungen, Kompetenzen deutlich wird. Bitte betrachten Sie dabei nicht nur Ihre berufliche, sondern auch die private Seite. Anschließend stellen sich die Teammitglieder einzeln vor. Nun arbeitet jeder Teilnehmende einzeln an der Frage: Wie und wo unterscheide ich mich von den anderen? Die Teammitglieder tauschen sich aus, beantworten und sammeln die Unterschiede im Team.
Auswertungsfragen	• Welche Unterschiede habe ich entdeckt und sind neu für mich? • Welche Unterschiede sind für unser Team relevant? • Wie wollen und können wir vorhandene Unterschiede für unser Team stärker nutzen?

3.5.30 Ich und die anderen

Autorin	Angelika Plett
Passend zum Feld	Haltung
Entwicklung der Diversity-Kompetenzen	(Sicherheit im Umgang mit sich selbst) Ambiguitätstoleranz
Darum geht's	Unterschiedlichkeiten und Zugehörigkeiten, die für einzelne Gruppenmitglieder von Relevanz sind und die sie sichtbar machen möchten, werden offengelegt.
Ziele	• Sensibilisieren für die bestehenden Unterschiedlichkeiten in der Gruppe, im Team • Sich mit einem Unterschied identifizieren und sich damit zeigen
Benötigte Zeit	20–30 Minuten
Teilnehmende	Ab 8
Räumliche Erfordernisse	Genügend großer Raum, damit die Teilnehmenden von der einen auf die andere Seite wechseln können
Vorbereitung, Hilfsmittel	Aufgabenbeschreibung auf Flip
Besondere Hinweise	Keine
Beschreibung der Übung	1. Schritt: Alle Teilnehmenden stehen auf einer Seite. Ein Gruppenmitglied stellt eine Frage: Wer hat/ist/will … auch? (z. B. wer hat Kinder, wer ist auch Ingenieur? usw …) 2. Schritt: Alle, die sich angesprochen fühlen, gehen zum Fragesteller/zur Fragestellerin und tauschen sich darüber aus, was das (das im Schritt 1 genannt wurde) für sie bedeutet. Weitere mögliche Frage: Wie kam ich dazu, das Genannte zu wollen/zu haben/zu werden? Die andere Gruppe tut für sich dasselbe für das entsprechende Gegenteil.
Auswertungsfragen	• Was habe ich erfahren über mich und die anderen? • Wie leicht oder wie schwer war es für mich, mich zu positionieren, mich zu zeigen, mich zu einer Gruppe hinzustellen? • Wie leicht oder schwer fällt es mir, in unserer Gruppe zu mir und meinen Ansichten und Meinungen, zu meinem So sein zu stehen?
Variante	Zwischen den einzelnen Fragen zur Zuordnung werden die Gedanken kurz ausgetauscht.

3.5.31 Konstruierte Wirklichkeit

Autor	Überliefert, niedergeschrieben von Stephan Orths
Passend für Feld	Wechselwirkung
Entwicklung der Diversity-Kompetenz	Umgang mit Wahrnehmungen
Darum geht's	Diese Übung zeigt auf, wie wir unterschiedlich wahrnehmen.
Ziele	Bewusst machen, dass es unterschiedliche Wirklichkeiten gibt und jeder nur einen Teil der Wirklichkeit wahrnimmt
Benötigte Zeit	20 Minuten
Teilnehmende	Ab 8
Räumliche Erfordernisse	Ein Raum mit einer breiten Fensterfront nach draußen
Vorbereitung, Hilfsmittel	Keine
Besondere Hinweise	Keine
Beschreibung der Übung	1. Schritt: Alle Teilnehmende schauen in die gleiche Richtung für ca. 4 bis 5 Minuten aus den Fenstern. 2. Schritt: Jeder Teilnehmende schreibt auf, was er/sie gesehen hat. 3. Schritt: Austausch im Plenum über das Gesehene
Auswertungsfragen	• Wo sind die Unterschiede? • Wo ist das Gemeinsame?
Variante	Teilnehmende schauen paarweise aus einem Fenster und tauschen sich zunächst paarweise aus.

3.5.32 Kulturelle Unterschiede

Autorin	Erika Lüthi
Passend für Felder	Haltung Resonanz
Entwicklung der Diversity-Kompetenzen	(Umgang mit Wahrnehmungen) Sicherheit im Umgang mit sich selbst
Darum geht's	Diese Übung ermöglicht, die unterschiedlichen Vorgehensweisen in der Zusammenarbeit unter dem interkulturellen Aspekt zu betrachten.
Ziele	• Nationale Unterschiede einschätzen lernen • Deren Auswirkungen im Teamalltag bewusst machen • Ansatzpunkte zur Optimierung der Zusammenarbeit festlegen
Benötigte Zeit	Bearbeitung je nach Anzahl der ausgewählten Punkte
Teilnehmende	Beliebig
Räumliche Erfordernisse	Bei großen Teams zusätzliche Gruppenräume oder ein genügend großer Saal
Vorbereitung, Hilfsmittel	Plakate mit den Punkten und der Skala
Besondere Hinweise	Je nach Situation des Teams die einzelnen Punkte auswählen und vorgeben.
Beschreibung der Übung	In Untersuchungen von verschiedenen Forschern (Geert Hofstede, Fons Trompenaars) wurden die folgenden Kulturdimensionen herausgearbeitet, die in der Zusammenarbeit in interkulturellen Teams eine Rolle spielen können: Umgang mit Zeit (polychrom – monochrom) Stellenwert des Individuums und der Gruppe (Individualismus – Kollektivismus) Umgang mit Macht (Machtdistanz) Risikobereitschaft bzw. Umgang mit Ungewissheit Regel- und Beziehungsorientierung (Tun-Orientierung – Sein-Orientierung) Kommunikationsstil (direkt – indirekt bzw. niedriger – hoher Kontext) Unterschiede in den Geschlechterrollen Raum (privat – öffentlich, körperliche Nähe – Distanz) Daraus abgeleitet zeigen sich folgende Unterscheidungen: • Akzeptanz von Autoritätsstrukturen, • Handlungsschemata (wie Zielbildung, strategische Orientierung, Motivation), • Zeitvorstellungen, • Entscheidungsprozesse, • Konfliktlösung, • Äußerungen von Gefühlen oder von Kritik sowie • Bearbeitungsformen für Sachprobleme (Erfassung, Analyse, Behandlung und Bewertung, Eigenbeitrag).

Beschreibung der Übung	1. Schritt: Welche dieser Bereiche führen auch in unserem Team immer wieder zu Stolpersteinen? Oder welche Kriterien sind immer wieder Anlass für Konflikte oder Missverständnisse? Jeder Punkt hängt offen im Raum mit einer Skala von 1 bis 10. 1 steht für keine Bedeutung, 10 für eine hohe Bedeutung. 2. Schritt: Die Teammitglieder tragen ihre Einschätzung zu jedem Bereich bei der betreffenden Zahl ein. 3. Schritt: Den Bereich mit der höchsten Bedeutung und/oder den Bereich mit den größten Abweichungen auswählen 4. Schritt: Teammitglieder aus der gleichen Kultur sitzen zusammen und reflektieren ihre Haltung zu dem ausgewählten Kriterium. Wenn nur ein Vertreter oder eine Vertreterin einer Kultur im Team ist, arbeitet er oder sie alleine. Was verstehe ich als Vertreter/-in von der Kultur x unter dem genannten Bereich? Wie gehen wir in unserer/meiner Kultur damit um? Was ist uns/mir diesbezüglich sehr wichtig? Wie äußert sich dies im Alltag, in der Zusammenarbeit? Wie gehen die anderen aus anderen Kulturen in unserem Team damit um? Was davon ist mir fremd und bereitet mir Schwierigkeiten? 5. Schritt: Austausch der Reflexionen 6. Schritt: Auswertung der Übung im Plenum
Auswertungsfragen	• Was habe ich aus diesem Austausch Neues gelernt? • Was kann ich nun besser verstehen? • Welche Schlussfolgerungen ziehen wir daraus für unsere Zusammenarbeit in diesem Bereich? • Was behalten wir bei, was machen wir in Zukunft anders? • Welche Vorteile und Chancen liegen in diesen Unterschieden?

3.5.33 Lebenslinie

Autor	Hans Oberpriller, nach Gudjons
Passend für Felder	Haltung (Wechselwirkung)
Entwicklung der Diversity-Kompetenz	Sicherheit im Umgang mit sich selbst
Darum geht's	Teammitglieder entwickeln ein besseres Verständnis untereinander und entdecken für das Team notwendige Ressourcen.
Ziele	Bewusst machen, welche unterschiedlichen Ereignisse, Erfahrungen und Lebensabschnitte, die individuelle Lebensentwicklung entscheidend beeinflusst haben und wie diese heute noch wirken Ähnlichkeiten und Unterschiede und deren Auswirkungen auf das Team herausfinden
Benötigte Zeit	90–120 Minuten
Teilnehmende	15
Räumliche Erfordernisse	Keine
Vorbereitung, Hilfsmittel	Papier, Schreibzeug, evtl. Zeitschriften, Scheren, Klebestifte, Tesafilm
Besondere Hinweise	Manchen Teilnehmenden ist die Darstellung der eigenen Lebenslinie zu persönlich, darum sollte der Moderator/die Moderatorin darauf hinweisen, dass es jedem überlassen bleibt, wie viel er von seinen Ereignissen usw. veröffentlicht. Es gehe auch darum, für sich selbst ein Bewusstsein dafür zu entwickeln, was einen geprägt hat.
Beschreibung der Übung	1. Schritt: Jeder/jede zeichnet auf einem quer liegenden Blatt (DIN A4 oder Flipchart) eine Linie mit Höhen und Tiefen, die den eigenen Lebenslauf symbolisiert. Die wichtigsten Perioden und Ereignisse, die die eigene Entwicklung geprägt haben, werden als Zeitabschnitte eingetragen. Darüber werden kleine Skizzen, Symbole, Situationsbilder usw. gezeichnet oder als Collage geklebt. Wichtig sind die Stationen, welche Wendepunkte, prägende Erlebnisse bedeuteten und die für die heutige Lebenssituation und die heutigen Wertvorstellungen entscheidende Einflüsse darstellen. (20 Minuten) 2. Schritt: Die Lebenslinien werden mit Namen versehen und an die Wand gehängt. Die Teilnehmenden gehen von einem zum anderen und können die betreffende Person befragen. 3. Schritt: Die Gruppe schließt ein Gespräch über Ähnlichkeiten und über Unterschiede an, die den Charakter der Gruppe von der Biografie der Teilnehmenden her bestimmen.
Auswertungsfragen	Die Gesamtgruppe reflektiert: • Was war für mich neu? • Welche Unterschiede in unserem Team halte ich für relevant? • Welche Erfahrungen sind wertvoll für unser Ziel? • Welche Konsequenzen ergeben sich für unser Team? • Welche Chancen sind damit verbunden?

3.5.34 Leistungsbilanz

Autorin	Anke Loose, abgeleitet aus Gellert/Nowak
Passend für Felder	(Wechselwirkung) Resonanz
Entwicklung der Diversity-Kompetenz	Sicherheit im Umgang mit sich selbst
Darum geht's	Betrachtung der Zusammenarbeit auf der Metaebene
Ziele	• Reflexion der Zusammenarbeit • Erfolge in den Blick rücken • Mögliche Misserfolge als Lernchance nutzen
Benötigte Zeit	Ca.60 Minuten
Teilnehmende	Beliebige Anzahl
Räumliche Erfordernisse	Keine
Vorbereitung, Hilfsmittel	Kopien der Bilanzbogen verteilen – eventuell vor der Sitzung ausfüllen lassen
Beschreibung der Übung	Der Bilanzbogen wird von jedem Teammitglied individuell ausgefüllt. Die Ergebnisse der ausgefüllten Bilanzbögen werden in Kleingruppen zu 3–4 Teilnehmenden ausgetauscht. Anschließend werden Gemeinsamkeiten und Unterschiede der Antworten herausgearbeitet. Über mindestens 3 positive und 3 negative Leistungen soll in der gemeinsamen Diskussion Konsens erzielt werden. Diese werden im Plenum präsentiert und diskutiert. Maßnahmen zur Stabilisierung der bisherigen Erfolge und Vermeidung von zukünftigen Misserfolgen können in einer weiteren Runde von Kleingruppenarbeit und Plenumdiskussion entwickelt werden.
Auswertungsfragen	• Wo lagen die größten Diskrepanzen in der Bewertung von Erfolg und Misserfolg? • Wie gelingt es uns als Team, mit diesen bilanzierten und bewerteten Unterschieden umzugehen? • Wie offen können wir über Misserfolge sprechen und sie als Lernchance begreifen? • Fühlen sich alle Teilnehmenden in ihrer Meinung und ihrem Beitrag berücksichtigt? • Gab es Dominanz bzw. Penetranz (autoritäres Verhalten von Einzelnen) und wie gehen wir als Team damit um?
Variante	Wenn wenig Vertrauen herrscht oder noch gar keine Feedbackkultur vorhanden ist, könnten die Bögen auch anonym ausgewertet werden.

Arbeitsbogen zur Leistungsbilanz (zitiert aus Manfred Gellert/Klaus Nowak, Ein Praxisbuch für die Arbeit in und mit Teams)

Name:	Beobachteter Zeitraum
Die fünf grössten Leistungen und Erfolge des Teams während des genannten Zeitraumes – bezogen auf Ergebnisse und/oder die Zusammenarbeit	1. 2. 3. 4. 5.
Fehlschläge und Misserfolge (Lernchancen) während dieser Zeit – bezogen auf Ergebnisse und/oder die Zusammenarbeit	1. 2. 3. 4. 5.

3.5.35 Leitsätze basierend auf Werten

Autorin	Erika Lüthi
Passend für Feld	Wechselwirkung
Entwicklung der Diversity-Kompetenzen	(Umgang mit Wahrnehmungen) Sicherheit im Umgang mit sich selbst
Darum geht's	Auseinandersetzung mit den eigenen Werten Kennenlernen der Werte der anderen Gemeinsame Werte in Form von Leitsätzen definieren („Wie wollen wir zusammenarbeiten?")
Ziele	Die Teammitglieder definieren gemeinsam ihre zu lebenden Werte.
Benötigte Zeit	Je nach Gruppengröße (für 12 Teilnehmende ca. 120 Minuten) Schritt 1: 20 Minuten Schritt 2: Pro teilnehmende Person ca. 3 Minuten Schritt 4: Definieren der Leitsätze: 30 Minuten Schritt 5: Vorstellen im Plenum: 30 Minuten
Teilnehmende	Bis zu 16 Teilnehmende
Räumliche Erfordernisse	Keine
Vorbereitung, Hilfsmittel	Moderationskarten
Beschreibung der Übung	1. Schritt: Jede Person schreibt für sich die Werte auf, die ihr in der Zusammenarbeit wichtig sind. Sie wählt für sich die 3 wichtigsten aus und notiert jeden dieser Werte auf eine eigene Moderationskarte. 2. Schritt: Jedes Teammitglied stellt seine Werte vor, legt sie auf den Boden oder steckt sie an eine Pinnwand. Während des Vorstellens werden die gleichen oder ähnliche Werte zu den bereits vorgestellten zugeordnet. 3. Schritt: Die Zuordnungen werden überprüft und gruppiert. 4. Schritt: Es werden so viele Arbeitsgruppen gebildet, wie es Gruppierungen gibt. Die Arbeitsgruppe formuliert die genannten Werte als Leitsatz. 5. Schritt: Die Leitsätze werden präsentiert, ergänzt oder verändert. 6. Schritt: Ein Teammitglied redigiert die Leitsätze, die in einer nächsten Teamsitzung verabschiedet werden.
Auswertungsfragen	• Wie zufrieden sind wir mit dem Ergebnis? • Welche persönlichen Werte wurden wenig/viel berücksichtigt? • Wer hat sich durchgesetzt? • Wie war der Prozess? • Wie wurde mit Minderheiten umgegangen?
Varianten	Weiterarbeit mit den Leitsätzen: Die Leitsätze werden wiederum auf Arbeitsgruppen verteilt, die folgenden Fragen nachgehen: Woran erkennt ihr oder andere, dass ihr diesen Leitsatz lebt? Wie setzt ihr ihn konkret in eurer Arbeit um? Dann so vorgehen wie oben ab Schritt 5 beschrieben.

3.5.36 Meine Einstellung zu Unterschiedlichkeiten

Autorin	Erika Lüthi
Passend für Feld	Haltung
Entwicklung der Diversity-Kompetenzen	(Empathische Kommunikation) Sicherheit im Umgang mit sich selbst (Ambiguitätstoleranz)
Darum geht's	Andere Meinungen erkunden und die eigene offenlegen
Ziele	Sich der unterschiedlichen Einstellungen zu Unterschieden bewusst werden und diese thematisieren
Benötigte Zeit	15 Minuten für die Einzelarbeit, 30 Minuten für die Untergruppenarbeit
Teilnehmende	Beliebige Anzahl
Räumliche Erfordernisse	Entsprechend der Anzahl Teilnehmende
Vorbereitung, Hilfsmittel	Papier und Schreibzeug
Besondere Hinweise	Es ist wichtig, dass die Teammitglieder in wertschätzender Kommunikation geübt sind.
Beschreibung der Übung	1. Schritt: Jedes Teammitglied schreibt für sich seine eigene Einstellung zu Unterschieden und Ähnlichkeiten wie zum Beispiel zu Generationen-, interkulturellen oder Geschlechtsunterschieden im Team auf sowie den eigenen Umgang damit. 2. Schritt: Arbeit in Triaden Person A liest den anderen ihre Gedanken vor, die anderen äußern dazu ihre Vermutungen über Wertvorstellungen und prägende Erfahrungen, die dahinterstehen könnten. 3. Schritt: Person A gibt Feedback was stimmt, was nicht stimmt, was sie überrascht hat, was völlig neu für sie ist. 4. Schritt: Siehe Schritt 2 mit Person B etc.
Auswertungsfragen	• Welches Bewusstsein für Unterschiede ist im Team vorhanden? • Wie gehen wir mit Unterschiedlichkeiten um? • Welche Unterschiede zu akzeptieren, fallen uns leicht, welche schwer? • Welche Unterschiede gab es in den Einstellungen zu den verschiedenen Identitätsgruppen? • Was wäre, wenn wir alle gleich wären? • Welchen Beitrag leisten die Unterschiede? Wie wirken sie sich auf das Team aus? • Wie gehen wir heute und morgen mit Unterschiedlichkeiten um?

3.5.37 Mitarbeitende respektieren

Autor	Hans Oberpriller, nach Klaus W. Vopel
Passend für Feld	Haltung
Entwicklung der Diversity-Kompetenz	Sicherheit im Umgang mit sich selbst
Darum geht's	Werte im Team und ihre Wirkung auf das einzelne Teammitglied
Ziele	Bewusst werden über Grundsätze und Werte in der Führung von Teammitgliedern
Benötigte Zeit	75 Minuten
Teilnehmende	8–10 Teammitglieder
Räumliche Erfordernisse	Keine
Vorbereitung, Hilfsmittel	Papier und Schreibstift; Arbeitsblatt (spezielle Aufgabe)
Besondere Hinweise	Keine
Beschreibung der Übung	1. Schritt: Kurze Einführung durch den Moderator/die Moderatorin 2. Schritt: Aufteilung in 3 Gruppen A, B, C 3. Schritt: Jede Gruppe einigt sich in 30 Minuten auf die wichtigsten Grundsätze, wie sie als Mitarbeitende behandelt werden möchten und schreibt diese auf ein Flipchart. 4. Schritt: Alle Gruppen treffen sich kurz für die nächste Instruktion. 5. Schritt: Jede Gruppe bekommt eine spezielle Aufgabe. Gruppe A: Es gibt einen Alkoholiker im Team. Die Gruppe hat einen Lösungsvorschlag für dieses Problem zu erarbeiten. Gruppe B: Ihr zuständiger Manager möchte, dass mehr Frauen in wichtige Positionen gebracht werden, und ein neues Team soll eine Teamleiterin erhalten. Das Team soll eine schriftliche Empfehlung (Anforderungsprofil) abgeben. Gruppe C: Die Gruppe soll Prinzipien für die Verteilung eines Bonus ausarbeiten. 6. Schritt: Reflexion der Ergebnisse und der Erfahrungen
Auswertungsfragen	• Auf welche Art und Weise haben Sie Ihr Ergebnis erzielt? • Was hat den Prozess unterstützt, was weniger? • Wo erkennen wir Gemeinsamkeiten oder Ähnlichkeiten in den Ergebnissen? • Wo erkennen wir Unterschiede? • Welche Auswirkungen haben diese Erkenntnisse auf mich und auf unsere Teamarbeit?

3.5.38 Obstkorb

Autor	Hans Oberpriller, nach Herbert Gudjons
Passend für Feld	Wechselwirkung
Entwicklung der Diversity-Kompetenzen	Umgang mit Wahrnehmungen (Ambiguitätstoleranz)
Darum geht's	In dieser Übung geht es um die Offenlegung der Beziehungen untereinander.
Ziele	• Bewusst werden der eigenen Befindlichkeit und Rolle in der Gruppe • Beziehungen unter den Teilnehmenden werden offengelegt.
Benötigte Zeit	45 Minuten
Teilnehmende	8–10 Teammitglieder
Räumliche Erfordernisse	Keine
Vorbereitung, Hilfsmittel	Keine
Besondere Hinweise	Keine
Beschreibung der Übung	Die Teilnehmenden werden gebeten, sich entspannt zu setzen und eine kleine Fantasieübung zu machen. Die Augen werden geschlossen. Jeder stellt sich nun vor, dass sich die Gruppe in einen Korb mit verschiedenartigen Obstsorten verwandelt. Jeder lässt sich Zeit dafür, dieses Bild möglichst klar entstehen zu lassen: • Was liegt in dem Korb? • Wie sehe ich als Obstteil aus? • Wo liege ich? • Wie ist meine Umgebung? • Werde ich gedrückt, liege ich in der Mitte, oben am Rand? • Wie empfinde ich? • Welche anderen Obstsorten gibt es noch? Anschließend berichtet jeder Teilnehmende kurz, wie seine Fantasie aussah und was dies zu tun hat mit seiner augenblicklichen Situation in der Gruppe.
Auswertungsfragen	• Wie offen konnte jeder/jede über seine/ihre Gefühle in der augenblicklichen Situation sprechen? • Welche unterschiedlichen Rollen und Beziehungen im Team gibt es? • Was bedeutet dies für unsere erfolgreiche Zusammenarbeit?
Variante	Anstelle des Bildes mit dem Obstkorb kann das Bild eines Zoos verwendet werden.

3.5.39 Postbote/Postbotin

Autorin	Erika Lüthi
Passend für Felder	(Wechselwirkung) Resonanz
Entwicklung der Diversity-Kompetenzen	Empathische Kommunikation (Ambiguitätstoleranz)
Darum geht's	Die Reibungspunkte an den Schnittstellen werden ansprechbar und können somit bearbeitet werden.
Ziele	• Ressourcen und gegenseitige Erwartungen sind offengelegt. • Optimierungspunkte zu einer erfolgreichen Zusammenarbeit sind erkannt.
Benötigte Zeit	Bei 5 Gruppierungen: Schritte 1-4 insgesamt 90 Minuten, Schritt 5 ca. 60 Minuten
Teilnehmende	Beliebig, mindestens 3 Gruppierungen Unter einer Gruppierung versteht sich eine Disziplin, Berufsgruppe, Bereich oder Abteilung.
Räumliche Erfordernisse	Für jede Gruppierung einen eigenen Raum oder eine eigene Ecke
Vorbereitung, Hilfsmittel	• Aufgabe- und Fragestellungen auf Flipchart • Farbige DIN A4-Blätter, für jede Gruppierung eine eigene Farbe • Filzstifte
Besondere Hinweise	Diese Übung ist vor allem sinnvoll, wenn Unklarheiten, Unzufriedenheiten in der interdisziplinären oder bereichs- und abteilungsübergreifenden Arbeit geäußert werden. Voraussetzung: Die Teilnehmenden kennen die Grundsätze zum Formulieren von Anliegen.
Beschreibung der Übung	1. Schritt: Jede Gruppierung wählt eine Farbe aus und diskutiert unter sich folgende Frage: „Was brauchen wir von den anderen Gruppierungen, damit wir gut arbeiten und unsere Arbeit gut erfüllen können?“ Die Anliegen werden mit Filzstiften auf die farbigen Blätter geschrieben – pro Gruppierung steht eine Seite eines A4-Blattes zur Verfügung. Auf dem Blatt wird sowohl die Empfänger-Gruppierung als auch die Absender-Gruppierung vermerkt. 2. Schritt: Wenn alle Gruppen ihre Anliegen formuliert haben, überbringt ein von der Absender-Gruppierung ernannter Postbote die Anliegen den entsprechenden Empfänger-Gruppierungen. 3. Schritt: Alle Gruppierungen lesen die erhaltenen Anliegen und überprüfen, ob sie diese verstehen. Bei Unklarheiten können sie direkt bei der entsprechenden Absender-Gruppierung nachfragen. 4. Schritt: Alle Gruppierungen überlegen sich, was sie dem Absender/ der Absenderin auf das formulierte Anliegen anbieten können und schreiben ihre Antworten auf die Rückseite des entsprechenden Blattes.

	5. Schritt: Jede Gruppierung stellt die an sie gerichteten Anliegen mit den entsprechenden Antworten vor. Falls notwendig hilft die Moderatorin/der Moderator bei der Konkretisierung der Antworten (z. B. „Zur Findung einer Lösung treffen wir uns im Zeitraum X. Frau Y lädt zur Sitzung ein.")
Auswertungsfragen	Im Plenum: • Was habe ich Neues an anderen entdeckt? • Was hat mich dabei überrascht, nachdenklich gestimmt? • Was haben die Andersartigkeit und die formulierten Anliegen bei mir angeregt und/oder ausgelöst? Welche Erkenntnisse daraus nehme ich in die tägliche Zusammenarbeit mit? • Welche Struktur wählen wir, um in Zukunft die Vielfalt zu gewährleisten?
Variante	Kombiniert mit der Übung „Unsere Disziplin" als Einstieg geben beide Übungen zusammen die Grundlage eines schönen Designs für eine Tagesveranstaltung zur Optimierung interdisziplinärer Zusammenarbeit.

3.5.40 Präsentation der eigenen Kultur

Autorin	Anke Loose, nach dem Trainings-und Methodenhandbuch vom „Arbeitskreis interkulturelles Lernen“: Diakonisches Werk Württemberg
Passend für Felder	Haltung Wechselwirkung
Entwicklung der Diversity-Kompetenzen	Umgang mit Wahrnehmungen Empathische Kommunikation
Darum geht's	Die verschiedenen vertretenen Gruppen lernen sich besser kennen und beginnen sich mit ihren Unterschiedlichkeiten auseinanderzusetzen.
Ziele	• Die Vielfalt einer multikulturellen Gruppe soll sichtbar gemacht werden. • Die Repräsentierenden einer Kultur erhalten die Möglichkeit, sich und ihre Kultur so darzustellen, wie sie selbst gesehen werden möchten.
Benötigte Zeit	Insgesamt zwischen 60 und 90 Minuten: 5 Minuten Vorstellen und Gruppenfindung, 15 Minuten Präsentationsvorbereitung, 30–60 Minuten Präsentation und Nachfragen, davon ca. 8 Minuten pro Gruppe, sowie 10 Minuten als Abschlussbefragung im Plenum
Teilnehmende	Beliebig – siehe Beschreibung
Räumliche Erfordernisse	Freie Fläche
Vorbereitung, Hilfsmittel	Keine
Besondere Hinweise	Die Übung eignet sich am besten, wenn aus verschiedenen Kulturgruppen jeweils mehrere Vertreter dabei sind.
Beschreibung der Übung	Die Teilnehmenden werden gebeten, sich pro Land in einer Gruppe zusammenzufinden, sofern es mehrere Vertreter/-innen eines Landes oder einer Kultur gibt. Wer ein Land alleine vertritt, braucht sich keiner Gruppe anzuschließen, sondern arbeitet für sich allein. Diese Gruppen oder Einzelpersonen werden gebeten, folgende Fragen zu beantworten: • Was sind die (für mich) wichtigsten Fakten über mein Land/meine Kultur, die ich der Gruppe in 5 Minuten mitteilen möchte (z. B.: geografische Lage, Hauptstadt, Bevölkerungszusammensetzung, politische Situation, kulturelle Festlichkeiten ...)? • Wo und wie lebe/lebte ich in meinem Land (Ort, Familie, Beruf, Hobbys ...)? • Was ist typisch oder eine kulturelle Besonderheit in meinem Land (Speisen, Gebräuche, Rituale, kulturelle Veranstaltungen ...)? • Wie geht es mir als Mitglied dieser Gruppe? • Mit welchen Klischees über meine Kultur werde ich am meisten konfrontiert und welche ärgern mich am meisten? • Wie schaut mein Alltag als Mitglied dieser Gruppe aus? • Welche Herausforderungen muss ich bewältigen?

	Jede Gruppe oder Einzelperson präsentiert ihr Land anhand dieser Fragen (max. 5 Minuten!), nach jeder Präsentation hat die Gesamtgruppe die Möglichkeit Fragen zu stellen. Moderierende sollten hier aufpassen, dass diese Fragen reine Informationsfragen ohne Beurteilung oder Wertung bleiben.
Auswertungsfragen	Reflexionsfragen könnten sein: • Welche der beschriebenen Informationen hat Sie erstaunt/berührt/geärgert/gefreut? • Wo haben Sie bisher andere Zusammenhänge vermutet? • Was ist für unseren Teamalltag von besonderem Nutzen? • Wo sehen Sie Konfliktpotenzial? • Was wünschen Sie sich vielleicht mehr von dieser Identitätsgruppe?
Variante	Statt Nationalitäten lässt sich die Übung mit entsprechend abgewandelten Fragen auch auf andere Identitätsgruppen, wie z. B. Berufsgruppen, Altersgruppen, Abteilungen, übertragen.

3.5.41 Regeln des Teams

Autorin	Anke Loose, nach Gerd Neumann BTS
Passend für Feld	Wechselwirkung
Entwicklung der Diversity-Kompetenz	Ambiguitätstoleranz
Darum geht's	Die Teilnehmenden legen ihre Sicht von Normen und Regeln des Teams offen. Anschließend wird darüber diskutiert, wie jemand auf diese Sicht kommt, wie die andren es wahrnehmen und was sie gegebenenfalls verändern möchten.
Ziele	Die Übung dient dazu, explizite und implizite Gruppenregeln offenzulegen. Sie macht unterschiedliche Wahrnehmungen davon deutlich, was in der Gruppe erwünscht ist und was nicht.
Benötigte Zeit	Je nach Gruppengröße und Tiefe der anschließenden Diskussion 45 bis 120 Minuten
Teilnehmende	10 – wenn es mehr sind, empfiehlt es sich, die Karten je Person und Rubrik zu begrenzen
Räumliche Erfordernisse	Keine
Vorbereitung, Hilfsmittel	Metaplanwand und Karten
Besondere Hinweise	Eine gewisse Offenheit und Vertrauen in der Gruppe sollte bereits vorhanden sein, damit die Übung erfolgreich ist. In der Moderation ist es wichtig, dafür zu sorgen, dass die verschiedenen Meinungen nicht bewertet, sondern mit einer neugierigen Haltung exploriert werden.
Beschreibung der Übung	Jeder schreibt Karten, die die folgenden Sätze vervollständigen sollen: In dieser Gruppe … 1. … wird erwartet, dass man/frau … 2. … darf man/frau … 3. … ist erwünscht … 4. … ist nicht erwünscht … 5. … darf man/frau nicht … 6. … ist verboten … Die Karten werden, wenn alle fertig geschrieben haben, der Reihe nach auf eine Pinnwand gehängt.
Auswertungsfragen	Mögliche Reflexionsfragen, wenn alle Karten hängen: • Was fällt besonders auf? • Wo gibt es Unterschiede? Wo Gemeinsamkeiten? • Wie geht es uns mit diesem Bild? • Was wünschen wir uns zusätzlich?

3.5.42 Relevante Unterschiede in den Blick nehmen

Autoren	Anke Loose, Erika Lüthi, Hans Oberpriller, Stephan Orths
Passend für Feld	Wechselwirkung
Entwicklung der Diversity-Kompetenz	Sicherheit im Umgang mit sich selbst
Darum geht's	Einen Überblick über die erforderlichen Fähigkeiten zu bekommen und ein Bild davon, wie diese im Team vertreten sind Unterschiede der Teilnehmer in den Blick nehmen
Ziele	Bewusstsein für die Teammitglieder über Erfolgskriterien und wie diese im Team von verschiedenen Mitgliedern erfüllt werden
Benötigte Zeit	Je nach Teamgröße und Intensität
Teilnehmende	4–12, bei größeren Gruppen möglichst homogene Untergruppen finden
Räumliche Erfordernisse	Keine
Vorbereitung, Hilfsmittel	Pinnwand, kleine runde Karten mit Namen der Teilnehmer
Besondere Hinweise	Die Übung ist anspruchsvoll und verlangt die Fähigkeit, vom Ziel zurück auf die erforderlichen Kompetenzen und Eigenschaften zu blicken. Für Menschen, die aus Kulturkreisen sind, in denen man vermeidet, sich selbst hervorzuheben, ist diese Übung besonders schwierig. Hier besteht die Gefahr, dass deren Fähigkeiten nicht genügend gesehen werden.
Beschreibung der Übung	1. Schritt: Zunächst sammelt das Team die Eigenschaften, Fähigkeiten und Kompetenzen, die sie brauchen, um ihr Ziel gut zu erreichen. Hierbei sollen die Teammitglieder auch auf notwendige und vorhandene Unterschiede achten und überlegen, wie diese nützlich sein können. 2. Schritt: Jeder/Jede schätzt sich selbst in Bezug auf diese Eigenschaften ein (wenn es mehr als 12 sind, sollte das Team sich vorher auf die 12 wichtigsten einigen) – auf einer Skala von 1 (weniger gut) bis 5 (sehr gut). Danach überlegt jeder, welche weiteren Stärken und Fähigkeiten er zum Erfolg des Teams einbringen kann. 3. Schritt: Die Selbsteinschätzungen und weiteren Stärken werden an der Moderationswand gesammelt: links die Kriterien bzw. Eigenschaften, rechts die Skala von 1 bis 5. Jeder schreibt seinen Namen auf kleine runde Karten und heftet seinen Namen auf der Skala an, wo er sich selbst einschätzt. 4. Schritt: Die Gruppe betrachtet das fertige Bild – und arbeitet die besonderen Stärken jedes Einzelnen heraus. 5. Schritt: Sie klärt, was noch fehlt und wie sie damit umgehen will. 6. Schritt: Das Team diskutiert, wie die Unterschiede zur Zielerreichung genutzt werden können.
Auswertungsfragen	• Wer von uns hat welche Stärken? • Welche Unterschiede sehen wir in unserem Team? • Welche Auswirkungen könnten diese Unterschiede auf die Zusammenarbeit haben? Und auf die Zielerreichung?

Auswertungsfragen	• Welche Eigenschaften/Fähigkeiten fehlen uns noch? Wie wollen wir damit umgehen?
Varianten	• Jeder macht sich Gedanken, wo er im Vergleich zu den anderen im Team unterschiedlich ist und welche Vorteile dieser Unterschied dem Team bringt. • Jeder stellt sich mit den Unterschieden den anderen vor. Dann wird gemeinsam überlegt, welche Eigenschaften und Fähigkeiten fehlen und wie sie die vorhandenen Unterschiede zur Zielerreichung nutzen können.

3.5.43 Ressourcenbild

Autorin	Erika Lüthi
Passend für Feld	Wechselwirkung
Entwicklung der Diversity-Kompetenz	Sicherheit im Umgang mit sich selbst
Darum geht's	Durch das Offenlegen der eigenen individuellen Stärken und deren Verstärkung durch positives Feedback werden sowohl die einzelnen Teammitglieder als auch das Team als Ganzes bestärkt und beflügelt.
Ziele	• Erkennen der eigenen Vielfalt und derjenigen im Team • Verstärkung der Ressourcenorientierung
Benötigte Zeit	Ohne Plenum 45 Minuten
Teilnehmende	In 3er-, 4er- oder 5er-Gruppen
Räumliche Erfordernisse	Stuhlkreis
Vorbereitung, Hilfsmittel	Gelbe Streifen (½ DIN A4-Seite der Länge nach geschnitten), 3 pro Person Ein runder gelber Kreis als Symbol einer Sonne
Besondere Hinweise	Diese Übung setzt die Kenntnis der Feedbackregeln voraus. Es ist wichtig, dass in den Untergruppen genau nach der vorgegebenen Struktur gearbeitet wird.
Beschreibung der Übung	1. Schritt: Alle Teilnehmenden schreiben für sich mindestens 7 eigene Stärken, Ressourcen, Fähigkeiten oder Talente auf. 2. Schritt: In einer Kleingruppe von 4 Teilnehmenden legt jede Person ihre Stärken offen und erhält von den drei anderen ein bestärkendes und erweiterndes Feedback dazu. 3. Schritt: Jedes Teammitglied wählt eine (bis drei, je nach Größe des Teams) spezielle Fähigkeit aus, die es in die Teamarbeit mitbringt, und schreibt sie auf einen gelben Streifen. 4. Schritt: Alle sitzen im Plenum. Der gelbe Kreis liegt in der Mitte. Jedes Teammitglied legt seine spezielle Fähigkeit offen, benennt sie und legt sie als Sonnenstrahl zum gelben Kreis. So entsteht ein gemeinsames Ressourcenbild.
Auswertungsfragen	• Was hat mir als Person und uns als Team gutgetan? • Welche Unterschiede und Gemeinsamkeiten in den beschriebenen Ressourcen fallen auf? • Welche Ressourcen (einzeln oder in Kombination) können für unser Team von besonderem Nutzen sein? • Wie schaffen wir es, diese sonnige Vielfalt zu erhalten und zu pflegen?

3.5.44 Ressourcenstein

Autorin	Erika Lüthi
Passend für Feld	Wechselwirkung
Entwicklung der Diversity-Kompetenzen	Empathische Kommunikation Sicherheit im Umgang mit sich selbst
Darum geht's	Teammitglieder treten miteinander wertschätzend in Beziehung Ressourcen werden angesprochen und verstärkt
Ziele	• Erkennen der eigenen Vielfalt und derjenigen im Team • Verstärkung der Ressourcenorientierung
Benötigte Zeit	Einführung ca. 10 Minuten
Teilnehmende	Beliebig, wenn parallel zum Programm In 3er-, 4er- oder 5er-Gruppen, wenn als Gruppenarbeit
Räumliche Erfordernisse	Keine
Vorbereitung, Hilfsmittel	Alle Teilnehmenden erhalten zu Beginn drei kleine Steine, Perlen o. Ä.
Besondere Hinweise	Die Übung kann während eines Workshops parallel zum Programm mitlaufen.
Beschreibung der Übung	Die Teammitglieder haben den Auftrag, den Stein zu verschenken, wenn sie während des Workshops oder im Teamalltag den Einsatz einer besonderen Stärke wahrnehmen oder ein bestimmtes Verhalten gefreut hat. Der Stein wird der beschenkten Person mit dem entsprechenden positiven Feedback weitergegeben. Dieses Teammitglied hütet den Stein und gibt ihn seinerseits bei Gelegenheit an jemand anderen weiter.
Auswertungsfragen	• Welches Feedback hat mich im Verlauf des Workshops besonders überrascht/gefreut/berührt? • Welche Eigenschaften/Verhaltensweisen sind in unserem Team besonders ausgeprägt – welche könnten wir zusätzlich gebrauchen? • Wofür wird man in unserem Team besonders gelobt? • Wie lässt sich diese Aufmerksamkeit und Wertschätzung in den Teamalltag hinüberretten? • Wie geeignet ist unsere Teamkultur, damit Vielfalt Raum hat, sich zu entwickeln? • Evtl.: Gibt es Personen mit besonders vielen Steinen oder besonders wenigen? Wie geht das Team damit um?
Variante	Jemand im Team erhält einen Ressourcenstein und gibt ihn im Teamalltag an jemand anderen weiter, der ihn selber auch wieder weitergibt.

3.5.45 Ressourceninventur

Autorin	Anke Loose
Passend für Feld	Wechselwirkung
Entwicklung der Diversity-Kompetenz	Ambiguitätstoleranz
Darum geht's	Der Blick richtet sich auf die Qualitäten und Talente der Einzelnen, indem diese einander mitgeteilt werden. Daraus entsteht ein Bild der vorhandenen Ressourcen im Team.
Ziele	Ein Bewusstsein für die unterschiedlichen Talente, und was diese zur Zielerreichung beitragen können, wird entwickelt und eine positive Stimmung geschaffen.
Benötigte Zeit	45–60 Minuten
Teilnehmende	5–12
Räumliche Erfordernisse	Keine
Vorbereitung, Hilfsmittel	Keine – die Aufgabe kann jedoch schon im Vorfeld zur Vorbereitung gegeben werden.
Besondere Hinweise	Keine
Beschreibung der Übung	Die Teammitglieder bekommen die Aufgabe, sich für jedes einzelne Teammitglied zu überlegen, • was sie an diesem besonders schätzen (welche besonderen Talente, Fähigkeiten, Qualitäten finden Sie bei dem anderen?) • warum das für sie hilfreich ist (inwiefern könnte diese Ressource bei der Zielerreichung von Nutzen sein?). Anschließend werden diese Ressourcen dem Einzelnen in der Runde mitgeteilt. Bewährt hat sich, die einzelnen Aspekte auf Metaplankarten zu schreiben und sie parallel als Teamressourcen an einer Wand zu sammeln.
Auswertungsfragen	• Was habe ich über mich selbst und die anderen Neues erfahren? Was war mir dabei bekannt, was fremd? • Was macht mich selbst aus? Was macht die anderen zum Besonderen? • Wo und wie ergänzen wir uns aufgrund unserer unterschiedlichen Talente, Fähigkeiten und Qualitäten optimal? • Welche Ressourcen könnten verstärkt zur Zielerreichung eingebracht und genutzt werden?
Variante	Wenn die Gruppe zu groß ist, kann man die Übung in 2 Teilgruppen durchführen und anschließend nur die gesammelten Teamressourcen zusammenführen.

3.5.46 Schöpferisches Zuhören

Autorin	Erika Lüthi basierend auf den Stufen der Aufmerksamkeit von C. Otto Scharmer
Passend für Feld	Resonanz
Entwicklung der Diversity-Kompetenz	Ambiguitätstoleranz
Darum geht's	In dieser Übung geht es darum, einander so zuzuhören, dass ein Gesprächsraum geschaffen wird, der es ermöglicht, Ansätze von neuen Ideen kommen zu lassen.
Ziele	• Ideen einen Raum und Zeit geben, so dass sie entstehen können. • Den Nutzen der andern als Resonanzkörper erkennen und lernen, selber Resonanzkörper zu sein, sich auf die Ideen der andern einzuschwingen, zu relevanten Fragestellungen und zu bestehenden Problemen neue Lösungsansätze entwickeln.
Benötigte Zeit	40 Minuten
Teilnehmende	Eine Gruppengröße, die in 3er Gruppen aufteilbar ist.
Räumliche Erfordernisse	Genügend großer Raum, so dass sich die 3er Gruppen beim Gespräch nicht stören
Vorbereitung, Hilfsmittel	Fragestellungen, Uhr und Klangschale
Besondere Hinweise	Es kann 3er Gruppen geben, denen es nicht gelingt, sich darauf einzulassen und es kann einzelne Teilnehmende geben, die diese Übung sehr berührt und bewegt.
Beschreibung der Übung	Kurzer Input zu den 4 Grundtypen des Zuhörens nach C. Otto Scharmer (siehe auch den Exkurs im Feld Resonanz): • Runterladen: bestätigen des eigenen Urteiles • Faktenbasiertes Zuhören: was unterscheidet sich von dem, das ich bereits weiß • Empathisches Zuhören: die Welt mit den Augen des andern sehen • Schöpferisches Zuhören: den Gesamtzusammenhang wahrnehmen und Hinhören auf eine zukünftige Möglichkeit, die sich abzeichnet Jede Gruppe erhält schriftlich maximal drei Fragestellungen mit Themen, die die Teammitglieder bewegen oder mit einer Problemsituation, wo es gilt, eine neue andere Lösung zu finden. 1. Schritt: Die Gruppenmitglieder bestimmen, wer als erste, zweite und dritte Peron spricht. 2. Schritt: Die erste Person spricht, die andern Zwei hören zu. Sie unterbrechen das Gespräch nicht durch Rückfragen oder Kommentare, sie hören einfach zu. Ein Gongschlag gibt das Zeichen, wann das Gespräch beginnt und wann es beendet ist (nach 5 bis 10 Minuten). 3. Schritt: Die Gruppenmitglieder lassen das Gehörte eine Minute schweigend auf sich wirken.

	4. Schritt: Nach einem weiteren Gongschlag spricht nun die zweite Person (Schritt 2 und 3) und nachher die dritte Person. 5. Schritt: Die 3er Gruppe tauscht das Gehörte aus oder/und hält das Fazit auf Karten fest. 6 Schritt: Austausch im Plenum über das Fazit, allenfalls nächste Schritte daraus ableiten
Auswertungsfragen	• Wie ging es mir als Sprechende, als Zuhörende? • Was war anders als in Gesprächssituationen sonst und was hat es gebracht? • Welche Gesprächsergebnisse haben wir erzielt? Sind dies dieselben wie wenn wir einander weniger intensiv zugehört hätten, gibt es da einen Unterschied? • Wie sind wir mit dem entstandenen Resonanzkörper umgegangen? Was war schwierig, was hilfreich? • Was lernen wir für unsere Gesprächskultur, für das gemeinsame Entwickeln neuer Ideen?
Variante	Zu zweit: die eine Person hört der andern intensiv und aufmerksam zu ohne zu unterbrechen. Wenn der Zeitpunkt da ist, wiederholt die zuhörende Person die Fragestellung. Die eine Person erzählt fünf Minuten, dann Wechsel. Dann nochmals Wechsel und erneute fünf Minuten für die erste und nachher die zweite Person, so dass jede Person zwei Mal dran kommt. Am Ende schreibt jedes Paar gemeinsam die zwei wichtigsten Punkte auf Karten.

3.5.47 Schubladen

Autorin	Erika Lüthi nach einer Idee aus dem Trainings- und Methodenhandbuch, Arbeitskreis Interkulturelles Lernen
Passend für Feld	Wechselwirkung
Entwicklung der Diversity-Kompetenzen	Ambiguitätstoleranz
Darum geht's	In dieser Übung geht es um das Erkennen eigener Zuschreibungen und darum, in dieser Team- oder Gruppenzusammensetzung zu erfahren, wie es ist, Zuschreibungen zu erhalten.
Ziele	• Eigene Zuschreibungen und Etikettierungen erkennen • Sich mit erhaltenen Zuschreibungen auseinandersetzen und damit wie man mit erhaltenen Zuschreibungen umgeht
Benötigte Zeit	10–20 Minuten
Teilnehmende	Ab 12
Räumliche Erfordernisse	Genügend großer Raum
Vorbereitung, Hilfsmittel	Treffen der Auswahl der in diesem Team relevanten Gruppierungen
Besondere Hinweise	Es sind Auswahlkriterien zu nennen, die jeweils 2 Gruppierungen des Teams betreffen.
Beschreibung der Übung	1. Schritt: Die Teammitglieder stehen im Raum. Es wird ein Auswahlkriterium genannt. Beispiele: • Raucherinnen / Nichtraucherinnen • Vegetarierinnen / Nichtvegetarierinnen • Leute aus der Stadt / Leute vom Land • Frauen / Männer • Teammitglieder bis 40 / Teammitglieder 40 + • Sportlerinnen / Nichtsportlerinnen • Autofahrerinnen / Benützerinnen von öffentlichen Verkehrsmitteln • Pauschalreisende / Individualreisende 2. Schritt: Das Team teilt sich je nach Auswahl des Unterschiedes in 2 Gruppen auf. 3. Schritt: Eine dieser Gruppierungen beginnt spontan alles zu benennen, was ihr zur anderen Gruppierung einfällt. Wenn keine Ideen mehr da sind, werden die Rollen getauscht.
Auswertungsfragen	• Wie ging es mir damit, andere zu etikettieren? • Wie ging es mir damit, Zuschreibungen zu erhalten? Welche haben mich betroffen gemacht, welche konnte ich gut akzeptieren? • Wie war es alleine oder mit anderen zusammen auf einer Seite zu stehen? • Welche Zuschreibungen machen wir im Team? • Welche Bedeutung haben diese Zuschreibungen im Team und wie gehe ich, gehen wir damit um?
Variante	Das Team wählt die Gruppierungen selber aus.

3.5.48 Seilübung in einem Diversity-Team

Autoren	Erika Lüthi / Hans Oberpriller
Passend für Felder	(Haltung) Wechselwirkung
Entwicklung der Diversity-Kompetenzen	Umgang mit Wahrnehmungen (Empathische Kommunikation)
Darum geht's	Teammitglieder lösen gemeinsam eine Aufgabe und reflektieren daran die unterschiedlichen Verhaltensweisen und deren Wirkung auf die anderen, den eigenen Umgang mit diesen Unterschiedlichkeiten und neue Erkenntnisse für die Zusammenarbeit.
Ziele	Die Wirkung der eigenen Verhaltensweisen und die der anderen erkennen und Konsequenzen für den Teamalltag daraus ableiten
Benötigte Zeit	15–20 Minuten für die Übung und ebenso viel Zeit für die Reflexion
Teilnehmende	Ab 8
Räumliche Erfordernisse	Großer Raum oder freie Fläche
Vorbereitung, Hilfsmittel	Seil, Tücher zum Verbinden der Augen
Beschreibung der Übung	1. Schritt: Den Gruppenmitgliedern werden die Augen zugebunden. Sie halten mit beiden Händen ein Seil, das zu einem Kreis geformt ist. Sie erhalten die Aufgabe, aus diesem Kreis ○ ein Quadrat □ zu bilden. 2. Schritt: Gemeinsame Reflexion der Lösung der Aufgabenstellung: Was hat die Lösung unterstützt, behindert? Welche Verhaltensweisen der anderen habe ich wahrgenommen? Wie habe ich die Führung erlebt? Was hätten wir anders machen können?
Auswertungsfragen	• Welche Unterschiede sind mir aufgefallen? • Welche unterschiedliche Beteiligung ist mir aufgefallen? • Wie haben sich die Unterschiede auf das Ergebnis ausgewirkt? • Welche Unterschiede waren im Hinblick auf das Ergebnis förderlich, welche hinderlich? • Wie bin ich (wie sind wir) mit den Unterschieden umgegangen? • Wie haben wir den zur Verfügung stehenden Spielraum genutzt? • Was (welches Verhalten) hat Vielfalt behindert und unterstützt? • Was hätten wir haben/tun müssen, um ein besseres Ergebnis zu erzielen? • Wer konnte etwas besonders gut? • Wo gelang es uns, die Vielfalt zu nutzen? • Auf welche Vielfalt haben wir verzichtet? • Woran habe ich den Nutzen der Vielfalt erkannt? • Welche unausgesprochenen Regeln gab es? • Wie wurden Regeln definiert? • Transfer: Was heißt dies alles für unsere Zusammenarbeit?
Variante	Andere klassische Übungen wie Brücken bauen, oder blind ein gleichseitiges Dreieck formen …

3.5.49 Selbstgespräche transparent machen

Autorin	Anke Loose, in Anlehnung aus Gardenswartz/Rowe, Emotional Intelligence and Diversity Series. Heft Self-Governance
Passend für Feld	Haltung
Entwicklung der Diversity-Kompetenzen	(Empathische Kommunikation) Sicherheit im Umgang mit sich selbst
Darum geht's	Gefühle entstehen in den meisten Fällen durch Gedanken, die wir uns zu einer Situation machen und unsere Bewertungen. Dies ist uns oft nicht bewusst. In der Übung geht es darum, dass die Teilnehmenden diesen Mechanismus bei sich selbst durchschauen und alternative Möglichkeiten entwickeln, mit ähnlichen Situationen umzugehen. Durch den Austausch untereinander wird der Blick auf andere Möglichkeiten nochmals erweitert.
Ziele	• Bewusstsein über die eigenen Gedanken schaffen, die in schwierigen Situationen zu Wut und anderen Gefühlen führen • Alternative Gedanken entwickeln
Benötigte Zeit	30–45 Minuten
Teilnehmende	Anzahl beliebig
Räumliche Erfordernisse	Möglichkeit für 3er-Gruppen
Vorbereitung, Hilfsmittel	Arbeitsblatt (siehe Anlage)
Beschreibung der Übung	Die Zusammenhänge von Gedanken bzw. Selbstgespräch, Gefühlen und Handlungen werden erläutert. Die Teilnehmenden schreiben in Einzelarbeit für ein oder zwei Situationen ihre Gedanken auf die ausgeteilten Arbeitsblätter auf und überlegen anschließend ebenfalls in Einzelarbeit alternative Gedanken, die ihren Ärger in der damaligen Situation verringert hätten. Nach 20 Minuten tauschen die Teilnehmenden sich in 3er-Gruppen (möglichst heterogene Zusammensetzung) über ihre Gedanken aus und unterstützen sich gegenseitig darin, weitere konstruktive Gedanken zu finden.
Auswertungsfragen	Austausch über die wichtigsten Erkenntnisse aus der Übung im Plenum
Variante	Eine weitere Auswertung (siehe Arbeitsblatt „Auswertung der Übung Selbstgespräche") in Einzelarbeit anschließen, in der jede/jeder sich zukünftige kritische Situationen überlegt und dazu die alten Selbstgespräche auflistet und daneben neue Selbstgespräche und Möglichkeiten, die er/sie anwenden kann, um in der Situation den Ärger zu reduzieren.

Sich seine Selbstgespräche transparent machen – eigenen Ärger eindämmen

Denken Sie an eine Situation im Zusammenhang mit Unterschieden, in der Sie sich in letzter Zeit geärgert haben.

Beschreiben Sie kurz die Situation – was ist passiert?

Inneres Selbstgespräch, was den Ärger produziert oder vergrößert:	Inneres Selbstgespräch, was den Ärger verringern würde:
Was haben Sie sich erzählt, das Sie so ärgerlich machte?	Was könnten Sie sich selbst sagen, was rationaler und eventuell realistischer wäre und Ihren Ärger reduzieren könnte?
Über die **Absichten** der anderen Person …	Über die **Absichten** der anderen Person …
Über das, „**warum** es zu der Situation kam“ …	Über das, „**warum** es zu der Situation kam“ …
Über die **Bedürfnisse** von Ihnen, die nicht berücksichtigt wurden:	Über die **Bedürfnisse** von Ihnen, die nicht berücksichtigt wurden:
Über die **Konsequenzen**, die dies für Sie haben wird:	Über die **Konsequenzen**, die dies für Sie haben wird:

Auswertung der Übung Selbstgespräche

Denken Sie an eine zukünftige Situation, in der Sie wegen Unterschieden wahrscheinlich wieder mit Ärger reagieren werden und bei der Sie die Erkenntnisse aus der Übung anwenden können.

Beschreibung der Situation:

Alte Selbstgespräche	Neue, Ärger reduzierende Selbstgespräche

Listen Sie auf, was Sie in der Situation tun können, um Ihren Ärger zu verringern:

Ein negatives Selbstgespräch, was ich in Zukunft sein lassen will:

Ein positives Selbstgespräch, das ich in Zukunft häufiger führen will:

3.5.50 Spiegelbild

Autor	Hans Oberpriller, abgeleitet von Dave Francis, Don Young
Passend für Feld	Resonanz
Entwicklung der Diversity-Kompetenz	Ambiguitätstoleranz
Darum geht's	Unterschiedliche Sichtweisen zu sich und einer anderen Identitätsgruppe deutlich machen Kooperationsmöglichkeiten finden
Ziele	Gruppen tauschen sich darüber aus, was sie unterscheidet, verbindet und was sie sich voneinander wünschen. Sie finden zu einer verbesserten Form der Zusammenarbeit.
Benötigte Zeit	90 Minuten
Teilnehmende	Ab 12
Räumliche Erfordernisse	2 Räume
Vorbereitung, Hilfsmittel	Flipchart und Filzschreiber
Besondere Hinweise	Keine
Beschreibung der Übung	1. Schritt: Die unterschiedlichen Gruppierungen, welche Unterscheidungsmerkmale relevant sind, werden gemeinsam bestimmt oder vom Moderator/der Moderatorin vorgegeben. 2. Schritt: Der Moderator/die Moderatorin bittet die so entstandenen Gruppen 45 Minuten an folgenden Fragen zu arbeiten: • Wie sehen wir die andere Gruppe? • Wie denkt die andere Gruppe über uns? • Wie sehen wir uns selbst? • Was sollten die anderen mehr, weniger, auch tun? 3. Schritt: Anschließend präsentieren die unterschiedlichen Gruppen ihre Ergebnisse. Hier sollte möglichst viel zugehört, wenig gefragt und diskutiert werden. 4. Schritt: Gruppen stellen Fragen und räumen Missverständnisse aus.
Auswertungsfragen	Fragen in der Gesamtgruppe: • Was unterscheidet uns? • Was verbindet uns? • Wie arbeiten wir künftig erfolgreicher zusammen?
Variante	Diese Übung kann auch für die Betrachtung von Einzelpersonen durchgeführt werden.

3.5.51 Splitting

Autorin	Angelika Plett
Passend für Feld	Wechselwirkung
Entwicklung der Diversity-Kompetenz	Umgang mit Wahrnehmungen
Darum geht's	Die Teilnehmenden ordnen sich verschiedenen unterschiedlichen Aspekten, die gerade in dieser Gruppe zu Ursachen für Diskriminierung werden könnten, zu und zeigen sich damit.
Ziele	• Wahrnehmen von Unterschiedlichkeiten, die diskriminierend sein könnten • Den eigenen Umgang mit Diskriminierung erkennen • Entdecken, welche Unterschiede vorhanden sind und welche fehlen
Benötigte Zeit	Je nach der Anzahl der Unterscheidungsmerkmale Pro Unterscheidungsmerkmal 15 Minuten
Teilnehmende	Ab 12
Räumliche Erfordernisse	Genügend großer Raum, wo sich 2 Gruppen mit Distanz aufstellen können
Vorbereitung, Hilfsmittel	Liste mit Unterschieden, die für die Gruppe interessant und herausfordernd sein könnten
Besondere Hinweise	Diese Übung erfordert eine Atmosphäre des Vertrauens und kann somit nicht zu Beginn eingesetzt werden. Sie kann an gewissen Punkten auch für einzelne Teilnehmende schmerzvolle Erinnerungen wecken. Der Ablauf gibt Struktur und Sicherheit. Wichtig ist am Schluss ein Merkmal zu wählen, das für alle, die in dieser Organisation arbeiten, gleich ist, ein Merkmal oder Thema, das gemeinsam, verbindend ist.
Beschreibung der Übung	1. Schritt: Alle die … (Frauen, Männer, kinderreiche Familie, Arbeiterfamilie, Alleinerziehende, keine Kinder haben, Zusammenleben mit Schwarzen, nicht aus einer Schweizer/Deutschen Familie stammend usw.) sind, werden aufgefordert auf die andere Seite des Raumes zu gehen. Anweisung: Bitte überlegen Sie sich, ob diese Beschreibung auf Sie zutrifft. Ist dies der Fall, entscheiden Sie, ob Sie dies dadurch zeigen wollen, dass Sie der Aufforderung nachkommen. Dies muss allerdings nicht sein. Wichtig ist die bewusste Entscheidung und das Daraufachten, was die einzelnen Teilnehmenden tun und empfinden. Sie achten bitte darauf, was in Ihnen vorgeht, welche Gedanken in Ihnen aufsteigen. 2. Schritt: Die Teilnehmenden schauen sich um, wer mit ihnen auf ihrer Seite steht und wer auf der anderen Seite steht. 3. Schritt: Die Teilnehmenden gehen wieder an den Ausgangspunkt zurück. 4. Schritt: Die Erfahrungen werden ausgetauscht. Welche Erfahrungen habe ich gemacht?

	Wichtig ist, am Schluss ein Merkmal zu wählen, das für alle, die in dieser Organisation arbeiten, gleich ist, ein Merkmal, das gemeinsam, verbindend ist.
Auswertungsfragen	• Was war für mich schwierig und was hat mich überrascht? • Was können wir für unsere Gruppe nützen? • Was wäre, wenn wir diese Übung nicht gemacht hätten?

3.5.52 Stereotypen – Selbstbild/Fremdbild

Autoren	Erika Lüthi, Stephan Orths
Passend für Felder	Haltung (Wechselwirkung)
Entwicklung der Diversity-Kompetenzen	Umgang mit Wahrnehmungen (Ambiguitätstoleranz)
Darum geht's	In dieser Übung geht es ums Erkennen von Gruppierungen sowie von Unterschieden im Team. Gleichzeitig findet eine intensive Auseinandersetzung mit einem relevanten Unterschied statt.
Ziele	Bewusstmachen der eigenen Bilder über sich selbst als Mitglied einer bestimmten Identitätsgruppe und der eigenen Bilder über die anderen
Benötigte Zeit	90 Minuten
Teilnehmende	Mindestens 8
Räumliche Erfordernisse	1 großer Raum oder verschiedene Gruppenräume
Vorbereitung, Hilfsmittel	Große Flipchartblätter und Filzstifte Fragestellungen schriftlich als Handout je Gruppe
Besondere Hinweise	Eignet sich für Teams, die schon länger zusammenarbeiten und aus deutlich unterschiedlichen Gruppierungen zusammengesetzt sind (z. B. Ärzte und Pflegepersonal)
Beschreibung der Übung	1. Schritt: Einen relevanten Unterschied, den das Team bewegt, benennen – z. B. Beruf oder Nationalität. 2. Schritt: Die entsprechenden Gruppierungen arbeiten parallel an folgenden Fragestellungen und schreiben die Ergebnisse auf ein Flipchart: • Was haben wir gemeinsam? • Was denken wir, haben die anderen gemeinsam? • Was ist uns daran fremd? • Was unterscheidet uns von den anderen? • Worin liegt unser besonderer Beitrag zum Teamerfolg? 3. Schritt: Anschließend werden im Plenum die Ergebnisse ausgetauscht. In einer offenen und neugierigen Haltung hören die Betreffenden zu. Es sind nur Verständnisfragen erlaubt, es gibt keine Diskussion. 4. Schritt, Reflexion: Was hat mich betroffen gemacht, mich geärgert, gefreut? Was war neu für mich? Was sehe ich jetzt anders? 5. Schritt: Bedeutung der Erkenntnisse für die Zusammenarbeit
Auswertungsfragen	• Welche Unterschiede sind im Team? • Welchen Beitrag leisten die Unterschiede zum Ergebnis? • Wobei oder wozu sind die Unterschiede hilfreich? • Wie nutzen wir die Unterschiede im Teamalltag? • Was sind die gemeinsamen Interessen und Ziele der 2 Untergruppen?

Variante	Die Untergruppen arbeiten im 2. Schritt an folgenden Fragen und schreiben die Antworten zu den 4 Fragen auf 4 verschiedenfarbige Karten: • grün: Wie sehen wir uns? • rot: Wie sehen wir die anderen? • gelb: Wie denken wir, dass sich die anderen sehen? • weiß: Wie denken wir, sehen die anderen uns?

3.5.53 Teamziele bildlich dargestellt

Autorin	Erika Lüthi
Passend für Feld	Ziele
Entwicklung der Diversity-Kompetenzen	Umgang mit Wahrnehmungen
Darum geht's	Die Teammitglieder malen gemeinsam ein Bild zu ihrer Vision des Teams. So werden die geheimen Teamziele sichtbar und es können gemeinsam neue Teamziele entdeckt werden.
Ziele	• Die Teammitglieder setzen sich gestalterisch mit den eigenen Teamzielen und denjenigen der anderen auseinander und entwickeln sie gemeinsam weiter. • Gemeinsame und unterschiedliche Ziele werden erforscht. • Die relevanten Ziele werden definiert.
Benötigte Zeit	90 Minuten
Teilnehmende	Bis zu 12 Personen
Räumliche Erfordernisse	Je nach Wahl der Varianten
Vorbereitung, Hilfsmittel	Farben (Pastellkreiden oder Pinselfarben und Pinsel) ein großer Papierbogen angepasst an die Gruppengröße
Besondere Hinweise	Die Malübung findet im Schweigen statt.
Beschreibung der Übung	1. Schritt: Alle Teammitglieder stehen um den großen leeren Papierbogen, so dass sie alle Zugang bis zu dessen Mitte haben. 2. Schritt: Auf ein Zeichen hin beginnt eine Person zu malen, die andern schauen ihr zu. 3. Schritt: Eine weitere Person malt weiter. Das Malen geht solange bis mindestens alle Personen ein Mal malen konnten und der Papierbogen ausgefüllt ist. Die malende Person kann entscheiden, wer weitermalen soll oder ein Teammitglied gibt nonverbal ein Zeichen, dass es weitermalen möchte. 4. Schritt: Das gemalte Bild wird aufgehängt und aus Distanz betrachtet und reflektiert (siehe Auswertungsfragen). 5. Schritt: Die durch das Bild dargestellten Teamziele werden formuliert.
Auswertungsfragen	• Was fällt uns beim gemalten Bild auf? Welche Farben und Formen sind sichtbar? • Was ist dominant, was eher nur am Rande? • Welche Assoziationen gehen uns beim Betrachten des Bildes durch den Kopf? Welchen Titel hat das Bild? • Wo zeigt das Bild unterschiedliche Vorstellungen auf, wo fließen sie ineinander und werden zu etwas Gemeinsamen, Verbindendem? • Welche Teamziele repräsentiert das Bild und was bedeuten sie für unsere Zusammenarbeit?
Variante	Der Papierbogen hängt an der Wand und die Teammitglieder malen das gemeinsame Bild, ohne dass darauf gewartet wird bis die malende Person fertig ist und die Farben weitergibt.

3.5.54 Umgang mit Zuschreibungen

Autorin	Erika Lüthi
Passend für Feld	Haltung
Entwicklung der Diversity-Kompetenz	Ambiguitätstoleranz
Darum geht's	Die Teilnehmenden legen ihre Annahmen offen. Durch die Rückmeldung der betreffenden Person findet ein Kennenlernen statt.
Ziele	Der eigenen Verhaltensweisen und Muster im Umgang mit Unterschiedlichkeiten, mit Fremdem und mit Zuschreibungen bewusst werden
Benötigte Zeit	30 Minuten
Teilnehmende	Beliebig
Räumliche Erfordernisse	Genügend Platz für die Stuhlkreise der Kleingruppen
Vorbereitung, Hilfsmittel	Anweisung auf Flipchart
Besondere Hinweise	Diese Übung eignet sich für Gruppen, die neu zusammengesetzt sind. Sie kann nach einer kurzen Vorstellungsrunde als ein vertieftes zweites Kennenlernen eingesetzt werden.
Beschreibung der Übung	1. Schritt: 2 bis 4 Personen sitzen in einem kleinen Kreis (ohne Tische). A stellt sich zur Verfügung und die anderen äußern ihre Vermutungen über ihn/sie in Bezug auf folgende Fragen: • Was beschäftigt sie/ihn? Was macht sie oder er? (beruflich) • Wie und wo wohnt sie/er? (Hobbys, Freizeitgestaltung, Lieblingsspeise, Sport, ganz konkrete Dinge) • Wie schaut sein/ihr Alltag aus? Welche Herausforderungen hat sie oder er? • Welche Klischees/Vorurteile stören sie/ihn? Person A achtet darauf, wie diese Vermutungen bzw. Zuschreibungen auf ihn/sie wirken. 2. Schritt, Reflexion: Person A meldet zurück, was für sie bekannt war, was neu, was fremd, was sie überrascht hat. 3. Schritt: Rollenwechsel bis alle Rückmeldungen erhalten haben
Auswertungsfragen	Reflexion im Plenum: • Wie ist es mir beim Erfahren von Bekanntem ergangen? • Was habe ich nicht gerne gehört?

3.5.55 Unsere Disziplin

Autorin	Erika Lüthi
Passend für Feld	Wechselwirkung
Entwicklung der Diversity-Kompetenz	Sicherheit im Umgang mit sich selbst
Darum geht's	In dieser Übung geht es darum, sich des Bildes der eigenen Berufsgruppe (Disziplin) oder Bereiche bewusst zu werden und deren Beitrag zum Erfüllen des gemeinsamen Auftrages zu erkennen.
Ziele	• Die Wichtigkeit und Notwendigkeit der unterschiedlichen Disziplinen zur erfolgreichen Erfüllung der gemeinsamen Aufgabe werden bewusst. • Näheres Kennenlernen der Besonderheiten der unterschiedlichen Berufsgruppen/Bereiche • Überprüfung des eigenen Bildes, das die Einzelnen von den unterschiedlichen Gruppierungen haben
Benötigte Zeit	Für die Einleitung und Vorbereitung für die Szene 35 Minuten Pro Szene 10 Minuten Reflexion je nach Gruppengröße zwischen 10 bis 20 Minuten
Teilnehmende	Pro Disziplin mindestens 2 Vertreter/-innen
Räumliche Erfordernisse	Für jede Berufsgruppe einen eigenen Raum oder eine eigene Ecke
Vorbereitung, Hilfsmittel	Aufgabe auf Flipchart
Besondere Hinweise	Diese Übung ist vor allem sinnvoll, wenn in Äußerungen gegenseitige Feindbilder bemerkbar werden, sich die einzelnen Berufsgruppen/Bereiche angreifen oder Unzufriedenheit über die Zusammenarbeit geäußert wird.
Beschreibung der Übung	1. Schritt: Die gemeinsame Aufgabe wird kurz definiert/der Sinn des Zusammenarbeitens kurz in Erinnerung gerufen. 2. Schritt: Jede der vorhandenen Berufsgruppen/Bereiche beschreibt für sich auf einem Plakat: • Was macht uns aus? • Was können wir gut? Worin sind wir stark? • Worin sind wir weniger stark? • Was ist unser Beitrag zum guten Gelingen unserer gemeinsamen Aufgabe? Die Präsentation im Plenum erfolgt in Form eines Rollenspiels oder einer typischen Alltagsszene. 3. Schritt: Die Gruppen stellen ihre Szenen vor, die Zuschauenden melden zurück, was sie darin erkennen, und die Darsteller und Darstellerinnen erläutern (mithilfe der Plakate), was sie zeigen wollten.
Auswertungsfragen	Im Plenum: • Was ist für mich neu? • Was habe ich gelernt? • Welche Schlüsse können wir für unser Team daraus ziehen?

Varianten	Variante 1 Weitere Unterscheidungen können sein: • jüngere – ältere Mitarbeitende, • langjährige – erst gerade dazugekommen Teammitglieder, • Frauen – Männer, • verschiedene Kulturen usw. Variante 2 In einem kleinen Team tritt anstelle der Gruppierung das einzelne Teammitglied.

3.5.56 Unser Diversity-Team in 5 Jahren

Autorin	Erika Lüthi
Passend für Feld	Ziele
Entwicklung der Diversity-Kompetenz	Umgang mit Wahrnehmungen
Darum geht's	Die Teammitglieder werden ermutigt einen Zeitsprung zu machen und über verschiedene mögliche Zukunftsszenarien ihres Teams zu fantasieren. Ziele und deren konkrete Umsetzung (Maßnahmen) im Teamalltag ableiten und definieren
Ziele	• Eine visionäre Vorstellung der Zukunft des Teams im Hinblick auf Unterschiedlichkeiten und Ähnlichkeiten wecken. • Die Vorstellungen in Ziele umformulieren und daraus konkrete Schritte für die Umsetzung in der Gegenwart ableiten • Die Identität als Team stärken
Benötigte Zeit	Für das Erstellen des Bildes 30 Minuten Austausch pro Bild ca. 6 Minuten Kernaussagen formulieren 10 Minuten Sammeln im Plenum und ordnen 10 Minuten Zielformulierung in Untergruppe 15 Minuten Vorstellen im Plenum 15 Minuten Gesamt: 2 Stunden
Teilnehmende	3–12 Bei größeren Gruppen in Untergruppen arbeiten und das Bild in der Untergruppe gemeinsam malen lassen
Räumliche Erfordernisse	Platz zum eigenen Gestalten und Wände für die Bildergalerie
Vorbereitung, Hilfsmittel	Stifte zum Malen; farbiges Papier, großes weißes Papier (pro Person ein Blatt), evtl. Zeitschriften, Moderationskarten, Leim, Scheren, Klebstreifen …
Besondere Hinweise	Diese Übung leitet einen längeren Prozess ein, d. h., es entstehen aus der Übung Nachfolgeaufgaben, die es im Team weiterzubearbeiten gilt. Damit dies geschieht, ist es notwendig, jemanden zu bestimmen (die Führungskraft oder eine Arbeitsgruppe), der oder die die Ziele zu Papier bringt und schaut, dass die konkreten Umsetzungsschritte in Angriff genommen werden.
Beschreibung der Übung	1. Schritt: Versuchen Sie sich Ihr Team in 5 Jahren vorzustellen. Ihr Team hat soeben den Preis für das erfolgreichste Diversity-Team des Jahres erhalten. Welche inneren Bilder zeigen sich bei Ihnen? Was genau hat dazu geführt, dass ausgerechnet Ihr Team diesen Preis erhalten hat? 2. Schritt: Stellen Sie dieses Bild dar, malen Sie es oder gestalten Sie es als Collage. 3. Schritt: Mit den entstandenen Bildern wird eine Bildergalerie erstellt. Die ganze Gruppe geht von Bild zu Bild, äußert ihre Vermutungen, Ideen, Fantasien und zuletzt erläutert die Person, die das Bild gemalt hat, ihre Vision.

	4. Schritt: Jedes Teammitglied geht zurück zu seinem Bild und versucht 3 Kernaussagen zum eigenen Bild auf 3 Karten zu schreiben. 5. Schritt: Die Karten werden einander vorgestellt und in Themengruppen angeordnet auf einer Pinwand angeheftet. Die Karten werden so weit geordnet, dass in Untergruppen daran weitergearbeitet werden kann. 6. Schritt: Die Aussagen auf den Karten werden in Gruppen von 2 bis 4 Personen in Ziele umformuliert. 7. Schritt: Die Ziele werden im Plenum nochmals kurz vorgestellt und erste Schritte zur Umsetzung gesammelt. 8. Schritt: Es werden Abmachungen getroffen, wie am Thema weitergearbeitet wird.
Variante	Anstelle des Malens werden die Teilnehmenden aufgefordert, die Lobesrede an der Preisverleihung zu schreiben. Diese werden danach einander vorgelesen.

3.5.57 Unterschiede

Autor	Hans Oberpriller
Passend für Feld	Wechselwirkung
Entwicklung der Diversity-Kompetenzen	(Umgang mit Wahrnehmungen) Sicherheit im Umgang mit sich selbst
Darum geht's	Teammitglieder interviewen sich und finden Unterschiede und Ähnlichkeiten in Beziehung zu sich selbst
Ziele	Kennenlernen und Unterschiede entdecken
Benötigte Zeit	40 Minuten
Teilnehmende	Beliebige Anzahl
Räumliche Erfordernisse	Großer Raum oder im Freien
Vorbereitung, Hilfsmittel	Schreibblock und Stift
Beschreibung der Übung	Es bilden sich Triaden. Dann interviewt A – B zur Person. Aufgabe ist es, möglichst viel über die Person (beruflich und privat) zu erfahren. Anschließend notieren sich A und C die Punkte, in denen sie Unterschiede zu sich entdecken. Dann interviewt C – B und dann B – A, die Auswertung geschieht in gleicher Weise. Anschließend erläutern alle die wichtigsten ihrer entdeckten Unterschiede im Plenum: „Ich unterscheide mich von ..."
Auswertungsfragen	Welche Vielfalt (Unterschiede und Ähnlichkeiten) haben wir entdeckt?

3.5.58 Vernetzte Dreiecke

Autor	Stephan Orths nach Armin Rohm
Passend für Feld	Wechselwirkung
Entwicklung der Diversity-Kompetenzen	(Umgang mit Wahrnehmungen) Ambiguitätstoleranz
Darum geht's	Die gegenseitige Wechselwirkung und die dadurch entstehenden Verbindungen von Menschen in ihrem komplexen System werden erlebbar.
Ziele	Komplexe Zusammenhänge und Wechselwirkungen der Verbindungen in Systemen verdeutlichen
Benötigte Zeit	30–60 Minuten
Teilnehmende	Ab 12
Räumliche Erfordernisse	Großer Raum oder draußen
Vorbereitung, Hilfsmittel	Keine
Besondere Hinweise	Menschen erleben sich hier teilweise als Rädchen im Räderwerk und können dementsprechend darauf reagieren.
Beschreibung der Übung	Die Teilnehmenden stehen zunächst im Kreis. Jeder sucht sich heimlich zwei Spielpartner/-innen aus. Ab jetzt darf nicht mehr gesprochen werden. Die Aufgabe lautet nun, zusammen mit den zwei ausgeguckten Spielpartner/-innen ein gleichseitiges Dreieck zu bilden. Da alle Teilnehmenden verschiedene Personen ausgeguckt haben und sich abhängig von diesen bewegen, entsteht ein ziemliches Durcheinander mit teilweise großer Dynamik. Die Übung endet dann, wenn das System zur Ruhe gekommen ist und alle „ihren Platz im System" gefunden haben.
Auswertungsfragen	• Wie gut gelang es mir, während der Übung offen zu bleiben für das, was abläuft? • Konnte ich die unterschiedlichen Tempi und Vorgehensweisen akzeptieren? • Wie gelang es mir, mich auf die Bewegungen der anderen einzulassen, ohne die eigene Bewegung aus dem Blickfeld zu verlieren? • Welche Strategie habe ich angewendet, um mich mit den anderen zu vernetzen? • Wann und wo erleben wir im Teamalltag ähnliche Situationen? • Wie gehen wir mit ihnen um? • Was löst es in unserem Team jeweils aus, wenn sich ein Teammitglied in eine unbekannte Richtung zu bewegen beginnt? • Welche der in der Übung angewendeten Strategien lassen sich allenfalls auf die Teamarbeit übertragen?
Variante	Mit einem der Teilnehmenden wird eine heimliche Verabredung getroffen. Nachdem das System zur Ruhe gekommen ist, setzt sich dieser Teilnehmende wieder in Bewegung. Daraufhin wird das ganze System sich wieder neu justieren müssen. Die Kraft der Wechselwirkung wird noch deutlicher.

3.5.59 Vertrauensbarometer

Autor	Hans Oberpriller
Passend für Feld	Resonanz
Entwicklung der Diversity-Kompetenz	Umgang mit Wahrnehmungen
Darum geht's	Die Gruppenmitglieder thematisieren Offenheit und Vertrauen im Team.
Ziele	Die Gruppenmitglieder definieren Wege zu einem höheren Grad an Offenheit und Vertrauen im Team.
Benötigte Zeit	60 Minuten
Teilnehmende	Gruppenmitglieder
Räumliche Erfordernisse	Keine
Vorbereitung, Hilfsmittel	Die Fragen vorbereitet auf einem Flipchart oder als Arbeitsblatt
Beschreibung der Übung	1. Schritt: Jedes Teammitglied beantwortet in einer Einzelarbeit die folgenden Fragen: a) Wie offen und aufrichtig können Sie zueinander sein, ohne das gegenseitige Vertrauen und die gegenseitige Unterstützung zu gefährden? Tragen Sie den entsprechenden Wert auf einer Skala von 1 bis 10 ein! (1 bedeutet, Offenheit und Aufrichtigkeit gefährden das gegenseitige Vertrauen und die gegenseitige Unterstützung sehr; 10 bedeutet, beide Werte sind dadurch überhaupt nicht gefährdet). b) Wo gelingt es uns bereits offen und aufrichtig miteinander zu sein? c) Welche Hindernisse müssen überwunden werden, um einen höheren Grad an Offenheit zu erreichen? d) Wie können diese überwunden werden? 2. Schritt: Die Ergebnisse werden mitgeteilt und zusammengefasst. 3. Schritt: Die Teammitglieder definieren gemeinsam aus den genannten Wegen zu mehr Offenheit und Vertrauen die für sie gehbaren und legen die nächsten gemeinsamen Schritte dazu fest.
Auswertungsfragen	• Was habe ich heute Neues in der Gruppe ausprobiert? • Was habe ich Neues an den anderen entdeckt? • Was hat die andere Sichtweise bei mir ausgelöst oder angeregt? • Wie wirken sich die unterschiedlichen Einschätzungen des Grades der Offenheit und Aufrichtigkeit auf die Zielerreichung aus?
Variante	Die erste Frage (a) kann auch auf einer Linie mit einer Skala von 1 bis 10 im Raum gestellt werden. Die Gruppen oder die Teilnehmenden, die zusammenstehen, können anschließend die weiteren Fragen (b–d) beantworten.

3.5.60 Vom eigenen zum gemeinsamen Wertesymbol

Autorin	Erika Lüthi
Passend für Feld	Haltung
Entwicklung der Diversity-Kompetenzen	Umgang mit Wahrnehmungen Sicherheit im Umgang mit sich selbst
Darum geht's	Die Teammitglieder entwickeln über ihr eigenes Wertesymbol ein gemeinsames Teamsymbol.
Ziele	• Auseinandersetzung mit den eigenen Werten • Kennenlernen der Werte der anderen • Gemeinsame Werte entwickeln
Benötigte Zeit	Bei einer Gruppenstärke von 10: 30 Minuten für Schritt 1 5–10 Minuten pro Symbol und Person für Schritte 2 und 3 45 Minuten für die Entwicklung des gemeinsamen Symbols (Schritt 4)
Teilnehmende	Bis zu 16 Teilnehmende
Räumliche Erfordernisse	Ein Haus mit einer schönen Umgebung
Vorbereitung, Hilfsmittel	Verschiedene Materialien wie Seile, Schnüre, farbiges Papier, Kleber, Leim, Scheren usw.
Besondere Hinweise	Die Vorarbeit – das Suchen eines Symbols und die eigene Auseinandersetzung damit – kann im Vorfeld als Hausaufgabe mitgegeben und für das gemeinsame Arbeiten mitgebracht werden.
Beschreibung der Übung	1. Schritt: Jede Person sucht für sich in der Umgebung ein Symbol, das ihren Wertvorstellungen entspricht oder stellt dies in irgendeiner Form als Symbol dar. 2. Schritt: Die anderen Teilnehmenden melden zurück, welche Fantasien, Deutungen, Vermutungen, Hypothesen sich bei ihnen beim Betrachten des Symbols zeigen und melden dies in Form einer Überschrift zurück. 3. Schritt: Die betreffende Person stellt ihr Symbol vor. 4. Schritt: Die Gruppe entwickelt aus den verschiedenen Symbolen ein für das Team relevantes Symbol.
Auswertungsfragen	• Was haben die Reaktionen auf mein Symbol bei mir ausgelöst? • Was fällt mir zu unserem Teamsymbol ein und wie stark fühle ich mich verbunden?

3.5.61 Walk a day in my shoes

Autorin	Dörthe Engelhardt
Passend für Feld	Wechselwirkung
Entwicklung der Diversity-Kompetenz	Umgang mit Wahrnehmungen
Darum geht's	„Walk a day in my shoes" Jedes Mitglied eines Teams gibt einem anderen für einen Tag einen Wert oder eine Einstellung, die ihm sehr wichtig ist.
Ziele	Perspektivenwechsel und besseres Verständnis für andere durch Ausprobieren einer Einstellung/eines Wertes von jemand anderem
Benötigte Zeit	Je „Paar" 2 mal 1 Tag, parallel zur Arbeit
Teilnehmende	Alle Mitglieder eines Teams bilden 2er-Gruppen.
Räumliche Erfordernisse	Ein Raum, in dem sich 2 Personen ungestört unterhalten können
Vorbereitung, Hilfsmittel	Papier, Stift, 1 „symbolträchtiger" Gegenstand
Besondere Hinweise	Die Übung erfordert viel Selbstdisziplin, da die eigentliche Durchführung der Übung nicht beobachtet oder überprüft werden kann. Es sollte ein klarer „Startschuss" für die Übung gegeben werden, und es sollte auch klar sein, wann sie für alle abgeschlossen ist, da sich ggf. einige Teammitglieder tageweise anders verhalten als sonst.
Beschreibung der Übung	1. Schritt a (Briefing): Die Gruppe wird in 2 Hälften geteilt. Die eine Hälfte ist A, die andere B. Je ein A und B gehen zu zweit zusammen, hierbei sollte B sich möglichst eine Partnerin suchen, die ihm fremd ist oder die er als sehr anders empfindet. A soll B eine Eigenschaft oder einen Wert „leihen", der ihr sehr wichtig ist. A entscheidet sich beispielsweise, dass Pünktlichkeit für sie sehr wichtig ist. Sie beantwortet für sich die Fragen: • Warum ist mir das so wichtig? • Woran zeigt sich das bei mir? • Was ist das „pünklichkeitstypische" Verhalten? • Was passiert, wenn ich anderen begegne, die diesen Wert nicht so haben wie ich? A trifft sich zum Briefing mit B, dem sie ihre Einstellung, ihre Erfolge und Probleme damit schildert sowie die eigenen typischen Verhaltensweisen. Dazu bekommt B als Erinnerung ein Symbol. Hiermit hat die „Übertragung" stattgefunden. 1. Schritt b: Nun bekommt auch A etwas zum Ausprobieren. Um den Austausch untereinander zu fördern, werden nun die Paare gewechselt. A sucht sich einen anderen B, von dem sie eine Eigenschaft geliehen bekommt. B überlegt sich analog zu A in der vorherigen Runde, was ihm wichtig ist und was er A leihen wird. Fragen und Vorgehen analog zum 1. Schritt a.

	2. Schritt a (Durchführung): B versucht nun einen Tag lang, durch die Augen von A zu sehen. Während des Tages sollte ein Telefonat zwischen den beiden geführt werden, in dem Nachfragen gestellt oder weitere Hinweise gegeben werden können. Am Ende des Tages tauschen sich die beiden über Wahrnehmungen und Erfahrungen aus. Hilfreiche Fragen hierfür können unter anderem sein: • Was hat sich heute in meiner Wahrnehmung geändert? • In welchen Situationen hatte ich Probleme? • In welchen Situationen kam ich gut zurecht? 2. Schritt b: A versucht einen Tag lang, durch die Augen von B zu sehen – analog zum 2. Schritt a. Die Verabredung, wer wann wem eine Einstellung gibt, treffen die Beteiligten selbst.
Auswertungsfragen	Ist die Übung für alle Beteiligten abgeschlossen, findet für alle ein Auswertungsgespräch statt: • Wie habe ich mich durch die neue Einstellung verändert? • Wie war es, einmal eine Einstellung von mir weiterzugeben? • Welche seltsamen/fremdartigen Verhaltensweisen haben wir während des Übungszeitraumes an Kollegen beobachtet?
Varianten	• Mit der Übergabe des Symbols verliert A seine Einstellung bis zu dem Zeitpunkt, wo er das Symbol von B wiederbekommt. • Eine Verlängerung der Übung auf mind. 24 Stunden • Alle Team-Mitglieder bekommen für einen Tag die Einstellung.

3.5.62 Wer bekommt die Stelle?

Autor	Hans Oberpriller, abgeleitet nach L.V.Entrekin und G.N.Souter
Passend für Feld	Wechselwirkung
Entwicklung der Diversity-Kompetenz	Sicherheit im Umgang mit sich selbst
Darum geht's	Etwas über die subtilen Aspekte der Diskriminierung zu lernen Untersuchen, welches Verhältnis die Teammitglieder zu diesem Problem haben
Ziele	Sich über das eigene Verhältnis zum Mann/Frau-Geschlechterproblem Klarheit verschaffen
Benötigte Zeit	Mindestens 60 Minuten
Teilnehmende	Männer und Frauen eines Teams
Räumliche Erfordernisse	Großer Raum sowie 2 Räume für Gruppenarbeit
Vorbereitung, Hilfsmittel	Für jeden Teilnehmer, jede Teilnehmerin ein Exemplar der Arbeitsunterlage „Wer bekommt die Stelle?"
Besondere Hinweise	Keine
Beschreibung der Übung	1. Schritt: Kurze Einführung 2. Schritt: Rollenverteilung 3. Schritt: Diskussion der Info mit anderen Teilnehmenden und Gremienbildung in 2 Gruppen (Mann/Frau) 4. Schritt: Die Bewerber und Bewerberinnen werden von der Gruppe interviewt. 5. Schritt: Die beiden Gruppen beraten sich 15 Minuten zur Entscheidung. 6. Schritt: Im Plenum wird die Entscheidung mitgeteilt. 7. Schritt: Die restlichen Gruppenmitglieder befragen die beiden Gruppen.
Auswertungsfragen	Der Moderator/die Moderatorin hinterfragt den Entscheidungsprozess: • Welche Gründe führten zu dieser Entscheidung? • Welche persönlichen Ansichten wurden deutlich? • An welcher Stelle wurden Sie deutlich? • Welche Unterschiedsaspekte spielten eine Rolle? Die Teilnehmenden reflektieren die Gründe für die Entscheidung im Hinblick auf Diskriminierung: • Inwiefern haben Ansichten und Argumente mit Diskriminierung zu tun? • Wie habe ich mich bei den unterschiedlichen Argumenten gefühlt? • Wo konnte ich gut zustimmen, wo nicht? • Was könnte getan werden, um Diskriminierung zu vermeiden?

Wer bekommt die Stelle?

Ein Dienstleistungsunternehmen in einer Großstadt sucht einen Abteilungsleiter für ein Callcenter mit 30 weiblichen Angestellten und einer Sekretärin. Das Arbeitsgebiet des Callcenters ist die Kontaktaufnahme mit Kunden, das Bearbeiten kleiner Kundenanfragen und die Vermittlung in die Spezialabteilungen bei schwierigeren Kundenanliegen.

Der jetzige Abteilungsleiter, der die Stelle seit 3 Jahren innehatte, ist befördert worden. Die Stelle wird deshalb neu besetzt. Er hatte praktische Erfahrungen in der Abwicklung von Kundenanliegen und eine spezielle Weiterbildung zur Personalführung von Callcenter-Mitarbeitenden besucht.

Es gehört zur bisherigen Geschäftspolitik, die Führungspositionen mit internen Mitarbeitenden zu besetzen. Zwei Angestellte haben sich um den Abteilungsleiterposten beworben, und jeder weiß von der Bewerbung des anderen.

Stefanie Schneider ist zurzeit die Sekretärin des jetzigen Abteilungsleiters. Sie ist 29 Jahre und arbeitet seit 4 Jahren in der Abteilung. In den ersten 1½ Jahren war sie selbst Mitarbeiterin im Callcenter, bevor sie dann in ihre jetzige Position wechselte. Sie kennt die Anforderungen an die Abteilung genau, ist bekannt dafür, dass sie sehr fleißig und engagiert ist und wirklich erstklassige Arbeit abliefert. Sie ist bei Kollegen und Vorgesetzten beliebt und wird respektiert.

Stefanies Art und Weise zu leben, wird von vielen als eher ungewöhnlich angesehen, hat aber nie Einfluss auf ihren Arbeitseinsatz gehabt. Sie ist noch nicht verheiratet, Mitglied einer Frauenbewegung. Sie hat öfter geäußert, dass sie sich durchaus vorstellen kann, ein Kind alleine zu erziehen.

Stefanie hat sich schon einmal um diese Abteilungsleiterstelle beworben. Man hatte ihr damals mitgeteilt, dass der jetzige Abteilungsleiter ausgewählt wurde, weil er über bessere Kenntnisse und längere Erfahrung in der Personalführung verfügen würde. Seitdem hat Stefanie aber an einer Weiterbildung für Führungskräfte mit gutem Erfolg teilgenommen.

Stefanie hat gegenüber Ihren Bekannten und Freunden geäußert, dass sie sich wahrscheinlich beschweren würde, wenn sie diesmal die Stelle erneut nicht bekommen würde. Sie wisse schon, wo sie sich hinwenden müsste.

Thomas Herd ist der andere Bewerber auf diese Position. Er verfügt über ein Diplom in Unternehmensführung und ist 25 Jahre alt. Bisher hat er in einer Betriebsabteilung des Unternehmens gearbeitet und war Kontaktperson für das Callcenter. Im Lauf der Zeit hat er sich einen gründlichen Einblick in die einzelnen Unternehmensbereiche verschafft. Er hat zwar wenig praktische Erfahrung als

Führungskraft, aber während seines Studiums hat er sich umfassend mit dem Thema Unternehmens- und Personalführung beschäftigt. Er gilt als Mitarbeiter, der die Eigenschaften einer guten Führungskraft besitzt.

Thomas ist verheiratet und hat ein Kind. Er ist Mitglied des Rotary Clubs und trainiert in einem Handballverein den Nachwuchs. Politisch gesehen ist er eher in der Mitte des politischen Spektrums einzuordnen. Er ist religiös.

Thomas ist gut angesehen und scheint mit Mitarbeiter/-innen, Kollegen/Kolleginnen gut zurechtzukommen. Die Abteilungsleiterposition ist für ihn ein wichtiger Schritt, um in seiner Karriere weiterzukommen. Er beabsichtigt diese Stelle nicht länger als 2–3 Jahre zu bekleiden.

3.5.63 Werte erkunden

Autorin	Erika Lüthi
Passend für Feld	Haltung
Entwicklung der Diversity-Kompetenz	Umgang mit Wahrnehmungen
Darum geht's	Die Werte, die hinter dem Erzählten liegen, erkennen Dieses Erkennen üben, um es dann beim empathischen Zuhören anwenden zu können
Ziele	Werte bei sich und bei den anderen und deren Bedeutung für die Zusammenarbeit erkennen
Benötigte Zeit	Je nach Gruppengröße unterschiedlich; 10 Minuten pro Person und das anschließende Plenum (bis zu 30 Minuten)
Teilnehmende	Je nach Gruppengröße wird in Dyaden, 3er- oder 4er-Gruppen gearbeitet.
Räumliche Erfordernisse	Genügend Platz für die Kleingruppen
Vorbereitung, Hilfsmittel	Übung auf Flipchart
Besondere Hinweise	Damit die Übung in einer wertschätzenden Art und Weise durchgeführt werden kann, ist es wichtig, dass die Teilnehmenden die Feedbackregeln in einer empathischen Kommunikation kennen und anwenden können.
Beschreibung der Übung	1. Schritt: Eine Person erzählt eine für sie erfolgreiche Situation. 2. Schritt: Die Zuhörerinnen und Zuhörer melden die Werte, die sie hinter dem Erzählten entdeckt haben, zurück. 3. Schritt: Die erzählende Person meldet nun ihrerseits zurück, was davon bei ihr Anklang gefunden hat und was für sie neu und/oder überraschend war.
Auswertungsfragen	Reflexion im Plenum: • Welche Werte wurden mehrmals genannt? • Welchen Einfluss üben sie auf unsere Zusammenarbeit aus? • Welche bilden sozusagen den Grundstein für unsere Zusammenarbeit?
Variante	Wenn alle Beteiligten erzählt und Feedback erhalten haben, reflektiert jede Person für sich: • Wo und wie lebe ich die genannten Werte? • Welche davon möchte ich in welcher Form verstärkt in meinem Team umsetzen?

3.5.64 Werte und ihre Wirkung

Autorin	Anke Loose
Passend für Felder	Haltung (Wechselwirkung)
Entwicklung der Diversity-Kompetenzen	Umgang mit Wahrnehmungen (Ambiguitätstoleranz)
Darum geht's	Die 10 wichtigsten Werte der eigenen Kultur erarbeiten sowie das Verhalten, durch das sie sich zeigen Herausfinden, wie diese Werte von anderen gesehen werden (können)
Ziele	Verständnis für die Werte der eigenen Kultur bekommen und mögliche andere Betrachtungsweisen kennen – dadurch können die eigenen Werte relativiert werden.
Benötigte Zeit	Ca. 90 Minuten
Teilnehmende	Sinnvoll ist es, wenn Mitglieder verschiedener Gruppen im Team vertreten sind (verschiedener Nationen oder Berufsgruppen z. B.).
Räumliche Erfordernisse	Platz und Material für Kleingruppenarbeit
Vorbereitung, Hilfsmittel	Keine
Besondere Hinweise	Diese Übung beinhaltet die Gefahr der zu starren Festschreibung von kulturspezifischen Besonderheiten. Sie macht aber unterschiedliche Werte und ihre Bewertungen deutlich.
Beschreibung der Übung	Jede Arbeitsgruppe sammelt die 10 wichtigsten Werte (der Deutschen, Amerikaner usw.) und nennt Beispiele für dazugehörendes Verhalten. Ergebnisse werden im Plenum vorgestellt und übereinstimmende Werte der Untergruppen markiert. Je Wert wird eine dritte Spalte erarbeitet, wie dieser Wert und das Verhalten auch gesehen werden („auch gesehen als …). Beispiele: Pünktlichkeit – Zeit einhalten – inflexibel Direktheit – Dinge beim Namen nennen – aggressiv
Auswertungsfragen	• Welche unterschiedlichen Verhaltensweisen haben wir zum gleichen Wert erkannt? • Wie wollen wir im Team mit unterschiedlichen Werten umgehen? • Worauf wollen wir uns einigen? • Wie wirken sich die Unterschiede auf das Ergebnis aus? Welche sind hinderlich, welche förderlich? • Wie nutzen wir die Synergien? • Wie viel Vielfalt lässt unsere Teamidentität zu? • Wie können wir mit unseren Stärken und Schwächen umgehen?

3.5.65 Werte und mein Standpunkt

Autoren	Erika Lüthi, Hans Oberpriller
Passend für Felder	Haltung Resonanz
Entwicklung der Diversity-Kompetenzen	Umgang mit Wahrnehmungen Ambiguitätstoleranz
Darum geht's	Jedes Teammitglied definiert seine Werte in der Zusammenarbeit und die anderen Teammitglieder legen offen, wie sie dazu stehen.
Ziele	• Auseinandersetzung mit den eigenen Werten und denjenigen der anderen • Dominante Werte erforschen • Stellung zu den Werten der anderen beziehen
Benötigte Zeit	Je nach Teamgröße, bei 12 Teammitgliedern ca. 90 Minuten
Teilnehmende	Bis zu 12 Teilnehmende
Räumliche Erfordernisse	Ein genügend großer Raum
Vorbereitung, Hilfsmittel	Moderationskarten
Besondere Hinweise	Je nach Team ist ein Input über Werte hilfreich.
Beschreibung der Übung	1. Schritt: Jedes Teammitglied schreibt für sich die Werte auf, die ihm in der Zusammenarbeit wichtig sind. Es wählt für sich die 3 wichtigsten aus und notiert jeden dieser Werte auf eine eigene Moderationskarte. 2. Schritt: Jedes Teammitglied stellt seine Werte vor und steckt sie an eine Pinwand. 3. Schritt: Das Team ordnet gemeinsam die Werte, sodass ähnliche Werte Gruppen bilden. 4. Schritt: In der Mitte liegt eine Gruppierung der Werte am Boden. Jedes Teammitglied stellt sich im Abstand zu dieser Gruppierung der Werte auf (wer ja dazu sagen kann, steht möglichst nahe, wer sich davon distanzieren möchte, steht weiter weg.) 5. Schritt, Reflexion: • Woran erkennen Sie die Wirkung dieser Werte? Wo und wann und wie zeigen sie sich? • Wo und wie wirken sie sich in der Zusammenarbeit aus? • Aus welchen guten Gründen stehen Sie an diesem Platz?
Auswertungsfragen	• Was wäre, wenn einzelne Wertgruppierungen zu- oder abnähmen? • Gibt es unter all diesen Wertegruppierungen dominante Werte? Wenn ja, welche sind das? • Welchen Einfluss haben die dominanten Werte auf die einzelnen Teammitglieder und die Zusammenarbeit? • Welche Wertegruppierungen kollidieren? Wie wirkt sich dies in der Zusammenarbeit aus? • Welche Werte sind für alle Teammitglieder sehr wichtig?
Variante	In kleinen Teams (bis zu 7 Personen) können die einzelnen Werte ins Zentrum gestellt werden, ohne dass sie wie im 3. Schritt beschrieben gruppiert werden.

3.5.66 Werteprofil erstellen

Autorin	Erika Lüthi
Passend für Feld	Haltung
Entwicklung der Diversity-Kompetenz	Sicherheit im Umgang mit sich selbst
Darum geht's	Kurzer Einstieg zu Werte, evtl. Beispiele nennen oder umformulieren in „Was ist mir in meiner Arbeit wichtig, was ist hinter meinem Handeln …"
Ziele	• Bewusstwerden der Werte, die das eigene Handeln bestimmen • Deren Bedeutung für die Zusammenarbeit erkennen
Benötigte Zeit	60 Minuten
Teilnehmende	Beliebige Anzahl
Räumliche Erfordernisse	Ein großer Raum – abhängig von der Gruppengröße
Vorbereitung, Hilfsmittel	Großes Papier Neocolor Verschiedenfarbiges Papier, Filzstifte, Leimstifte, Scheren …
Besondere Hinweise	Keine
Beschreibung der Übung	1. Schritt: Jedes Teammitglied stellt in irgendeiner Art seine Werte in einem Bild oder mit Gegenständen dar. 2. Schritt: Zu zweit wird das Bild reflektiert unter dem Aspekt: Bei welchen Werten würde ich allenfalls Kompromisse machen – bei welchen gar nicht? In welchen Situationen wird dieser Wert von mir und anderen missachtet? Wo gehe ich auf mich nicht empathisch ein? 3. Schritt: Kleiner theoretischer Input Wertequadrat Schulz von Thun – siehe Übung „Wertequadrat interkulturell"
Auswertungsfragen	• Was ist neu für unser Team? • Worauf sollten wir künftig stärker achten?
Variante	Bei nicht zu großen Gruppen und bei Gruppen, die sich bereits kennen, kann der 2. Schritt im Plenum erfolgen.

3.5.67 Wertequadrat interkulturell

Autorin	Anke Loose, in Anlehnung an Schulz von Thun und Gardenswartz/Rowe
Passend für Feld	Haltung
Entwicklung der Diversity-Kompetenzen	Umgang mit Wahrnehmungen (Ambiguitätstoleranz)
Darum geht's	Einzelne Eigenschaften, die bei vielen in der Gruppe z. B. einen großen Stellenwert zu haben scheinen, werden beleuchtet. Kritische Aspekte dieser Eigenschaft werden betrachtet. Umgekehrt kann man auch Eigenschaften nehmen, die eher negativ bewertet werden und deren Vorteile ausloten.
Ziele	• Eigene Bewertungen von bestimmten Eigenschaften sehen • Neue Möglichkeiten erkennen, die Bewertungen infrage zu stellen • Lernen, Positives zu erkennen und umgekehrt • Umgang lernen mit „einerseits – andererseits“
Benötigte Zeit	Je nach Anzahl der Kriterien Pro Kriterium ca. 5 Minuten in der Kleingruppe kalkulieren, um auch Austausch zu ermöglichen
Teilnehmende	Maximal 12
Räumliche Erfordernisse	Raum, der die Möglichkeiten bietet, dass die Kleingruppen im Raum bleiben können
Vorbereitung, Hilfsmittel	Vorgegebene Eigenschaften verwenden (siehe Liste) oder Eigenschaften vorher sammeln
Besondere Hinweise	Ist die Gruppe sehr homogen, kann es sein, dass einzelne Eigenschaften nur positiv (oder negativ) bewertet werden. Bei Dominanz einer Gruppe kann dies ebenfalls passieren – hier ist die Moderation gefordert, um das zu verhindern.
Beschreibung der Übung	1. Schritt: Das Wertequadrat von Schulz von Thun wird erläutert. 2. Schritt: Eigenschaften werden im Plenum gesammelt (oder Liste vorgestellt). 3. Schritt: Arbeit in Kleingruppen: Jede Gruppe hat die Aufgabe, für zugeteilte oder selbst gewählte Tugenden die dahinterliegende „Störgröße“ zu erarbeiten bzw. für die Störgrößen oder negativen Eigenschaften die darinliegende Tugend. 4. Schritt: Vorstellen der Ergebnisse im Plenum, Diskussion der Erfahrungen
Auswertungsfragen	• Wie wirkt das Ergebnis auf mich? • Was fiel mir leicht, was eher schwer? • Zu welchen Tugenden bzw. Störgrößen gelang es mir nicht, die andere Seite herauszuarbeiten? Wie interpretieren wir das? • Welche neuen Sichtweisen konnte ich gewinnen? Was sehe ich dadurch jetzt anders? • Was bedeuten die Ergebnisse für mich und unser Team? • Wie können wir die Vorteile unserer Unterschiedlichkeiten noch besser nutzen? • Wenn wir auf das Ergebnis schauen, wo liegen die größten Konfliktpotenziale?

Varianten	• Zusätzlich zu den Tugenden werden auch die Schwestertugenden bzw. Polaritäten erarbeitet. • In Teams, in denen bereits ein großes Maß an Vertrauen herrscht, können die Polaritätenpaare auf dem Boden ausgelegt werden, und alle stellen sich auf die Ausprägung, in der sie sich selbst mehr sehen.

Erläuterung des Wertequadrates:

Dem Wertequadrat von Schulz von Thun liegt das Verständnis zugrunde, dass jeder Störfaktor oder jeder „Untugend" einer Person eine zu stark ausgeprägte und für die jeweilige Situation nicht angemessene Tugend zugrunde liegt. Es ist ein „des Guten zu viel". Schulz von Thun geht hierbei von Tugendpaaren bzw. Polaritäten aus, die sich gegenüberliegen. Eine Tugend kann z. B. detailgenaue Gründlichkeit sein und ein „Zuviel" (= Störfaktor) wäre dann krankhafte Pedanterie. Die Schwestertugend, der Gegensatz dazu z. B. wäre Großzügigkeit in wesentlichen Dingen und ein „Zuviel" hiervon wäre Schlampigkeit. Oder die Tugend „handlungsorientiert und tatkräftig" wäre als Störfaktor „gedankenlos". Die Schwestertugend auf der gegenüberliegenden Seite wäre die „Theorieorientierung", die als Störfaktor das Unpraktische wäre. Hieran wird deutlich, dass jede der Polaritäten auch Schattenseiten hat.

Stärken und Schwächen umdeuten

Stärke	Darin enthaltene Schwäche, wenn überstark ausgeprägt
Idealistisch	z. B. naiv
Detailorientiert	
Kontrolliert	
Unabhängig	
Vertrauensvoll	
Flexibel	
Schnell	
Eindeutig, klar	
Selbstbewusst	
Einfühlungsvermögen	
Strategisch	
Visionär	
Loyal	

Schwäche	Darin enthaltene Stärke, wenn weniger stark ausgeprägt
Indirekt	z. B. diplomatisch

3.5.68 Werteversteigerung

Autorin	Überliefert, niedergeschrieben von Katrin Bauer
Passend für Feld	Haltung
Entwicklung der Diversity-Kompetenz	Sicherheit im Umgang mit sich selbst Ambiguitätstoleranz
Darum geht's	Die eigenen Werte und die der anderen kennenlernen
Ziele	Transparenz über Werte der einzelnen Teammitglieder und deren Wichtigkeit bekommen
Benötigte Zeit	Ca. 60 - 90 Minuten; je nach Anzahl der zu versteigenden Werte und Art der Reflexion
Teilnehmende	Beliebig Anzahl. Je mehr Teilnehmende, desto mehr Werte-Karten werden benötigt
Räumliche Erfordernisse	Keine
Vorbereitung, Hilfsmittel	Karten mit Werten zum Versteigern, Pokerchips
Besondere Hinweise	keine
Beschreibung der Übung	1. Schritt: Vor der Versteigerung werden die Karten mit zu versteigernden Werten für alle sichtbar ausgehängt, sodass sich die Teilnehmenden einen kurzen Überblick verschaffen können. 2.Schritt: Jeder Teilnehmende bekommt 10 gleichwertige Pokerchips ausgeteilt (z. B. 10 mal 2 $). 3. Schritt: Jetzt beginnt die Versteigerung, dazu Karte für Karte abnehmen und versteigern. Jeder Teilnehmende entscheidet selbst, wie hoch er auf welchen Wert bietet, d. h. wie er sein Budget einsetzt. Wenn auf einen Wert nicht geboten wird, wird er nicht versteigert. Wie bei einer richtigen Auktion erhält die Person mit dem höchsten Gebot den „Zuschlag". 4. Schritt: Die Auswertung erfolgt entweder in Kleingruppen, Tandems oder persönlich – siehe Auswertungsfragen.
Auswertungsfragen	• Welche Werte sind uns im Team wichtig? • Was verbinde ich mit diesem (meinem) Wert? • Was bedeutet dieser Wert für mich? • Woran mache ich fest, ob ich diesen Wert hier leben kann? • Welche Werte sind einander ähnlich, welche scheinbar konträr? • Wie gehen wir damit um? • Was bedeuten diese Werte für unsere Zusammenarbeit?
Varianten	Als weiteren Schritt können aus den Werten Leitsätze für die Zusammenarbeit formuliert werden.

3.5.69 What's inside my box?

Autorin	Anke Loose, in Anlehnung an Gardenswartz/Rowe
Passend für Feld	Haltung
Entwicklung der Diversity-Kompetenz	Sicherheit im Umgang mit sich selbst
Darum geht's	Erkennen, wie persönliche Erlebnisse einen nachhaltig beeinflussen können, Verständnis füreinander entwickeln
Ziele	Selbstreflexion über das „So-Gewordensein" Auseinandersetzung mit Unterschieden in der Gruppe, anhand von prägenden Erfahrungen der Einzelnen
Benötigte Zeit	20 Minuten Einzelarbeit, ca. 10–20 Minuten pro Person im Austausch
Teilnehmende	Maximal 8 – sonst in Kleingruppen aufteilen
Räumliche Erfordernisse	Keine
Vorbereitung, Hilfsmittel	Fragenblätter vorbereiten – schön ist es auch, die Fragen auf die 4 Seiten eines Würfels zu schreiben
Besondere Hinweise	Die Übung ist sehr persönlich, daher sollte in der Gruppe schon ein Vertrauensklima bestehen, was diese Arbeit ermöglicht. Für manche Teilnehmende kann es sehr schwer sein, sich so weit zu öffnen.
Beschreibung der Übung	Die Teilnehmenden überlegen in Einzelarbeit 4 Erlebnisse oder Erfahrungen, die sie geformt haben. Für jedes der Erlebnisse beschreiben sie kurz: • formendes Erlebnis • Bedeutung für mich • Einfluss auf mein Leben • ausgelöste Gefühle • Eventuell: Einfluss auf meinen Umgang mit Unterschieden Dann Vorstellen der eigenen Erkenntnisse in der Gruppe Die Gruppe hört mit Interesse und ohne Wertung zu und unterstützt dabei, herauszufinden, ob es z. B. ein Muster gibt, und welche Werte oder Haltungen sich möglicherweise daraus abgeleitet haben und wie sich diese Erfahrungen auf die Haltung zu Unterschieden ausgewirkt haben könnten. Hierzu hat sich die Arbeit mit Hypothesen bewährt. Zum Abschluss fasst die Person, die ihre Erfahrungen vorgestellt hat, ihre Erkenntnisse zusammen, danach ist der Nächste dran.
Varianten	Die Übung kann auch in Einzelarbeit gemacht werden. In diesem Fall sind die folgenden Fragen mit auf den Weg zu geben: • Wenn Sie auf die formenden Erlebnisse schauen, was überrascht Sie dabei? • Welche Werte oder Haltung haben sich daraus abgeleitet, die auch heute noch wirken? • Welche Erfahrung(en) beeinflussen Ihre Haltung zu Unterschieden? • Was leite ich aus diesen Erkenntnissen für mich ab?

3.5.70 Ziel blind erreichen

Autorin	Anke Loose, nach Michael Großer, Outdoors for Indoors, Ziel-Verlag, Augsburg 2003
Passend für Feld	Ziele
Entwicklung der Diversity-Kompetenzen	empathische Kommunikation Ambiguitätstoleranz
Darum geht's	Die Gruppe muss blind ein Ziel erreichen. Da die Aufgabenstellung jedoch so gut wie unlösbar ist, kann daran gut erlebt werden, wie es ist, zu laufen ohne das Ziel im Blick zu haben.
Ziele	Die Teilnehmenden können lernen, wie schnell ein Ziel aus dem Blick gerät und was mit der Gruppe und jedem einzelnen passiert, wenn das Ziel nicht mehr sichtbar ist. Sie können ebenfalls erfahren, wie schnell daraus Konflikte entbrennen können und wie wichtig ein gemeinsames Ziel für die Teamkohäsion ist.
Benötigte Zeit	45–60 Minuten
Teilnehmende	5–18
Räumliche Erfordernisse	Am besten im Freien. Wichtig ist, dass das Ziel vom Start aus nicht zu sehen ist und keine natürliche Verbindung (Weg, Zaun oder ähnliches) dahin führt.
Vorbereitung, Hilfsmittel	Seil, an dem die Gruppe sich festhalten kann und Augenbinden
Besondere Hinweise	Die Schwierigkeit liegt darin, dass das Ziel vom Startpunkt aus nicht zu sehen ist und keine natürliche Verbindung dahin führt, an der sich die Teilnehmenden entlang tasten könnten. Die Aufgabe ist eigentlich nicht zu schaffen – trotzdem soll die Gruppe versuchen, einen Weg zu finden, das Ziel zu erreichen.
Beschreibung der Übung	Die Gruppe hat die Aufgabe, ein etwa 200 Meter entferntes Ziel mit verbundenen Augen zu erreichen. Als Hilfe bekommen die Teilnehmenden ein Seil, an dem sie sich festhalten können, damit sie nicht auseinander driften. Das Ziel ist erreicht, wenn jeder das Ziel per Handschlag berührt hat. Das Team hat vor Beginn einige Minuten Zeit, sich das Ziel und den Weg einzuprägen. Dann bekommen sie die Augenbinden auf und müssen losgehen.
Auswertungsfragen	• Wie war es und was hat es ausgelöst, dass das Ziel nicht sichtbar war? • Welche unterschiedlichen Reaktionsweisen gab es dazu? • Welche Entsprechungen gibt es zu dieser Situation im Alltag? • Wie klar ist unser Ziel? • Was können wir tun, um dieses gemeinsam im Blick zu behalten? • Welche Konflikte gab es und wie wurde mit den Konflikten umgegangen? • Welche unterschiedlichen Arten des Umgangs mit den Konflikten gab es im Team? • Wodurch entstanden die Konflikte? • Gibt es eine Entsprechung im Alltag des Teams?

3.5.71 Ziele von der Zukunft her entwickeln

Autorin	Erika Lüthi (aus einem Workshop mit C. Otto Scharmer)
Passend für Feld	Ziel
Entwicklung der Diversity-Kompetenzen	Ambiguitätstoleranz
Darum geht's	Gemeinsam entwickelte Ziele werden aus verschiedenen Perspektiven betrachtet und überprüft.
Ziele	• Die momentanen Ziele werden gemeinsam dargestellt und aus verschiedenen Blickwinkeln von der Zukunft her betrachtet. • Auf dieser Grundlage werden Ziele für die Zukunft formuliert.
Benötigte Zeit	90 Minuten
Teilnehmende	Ab 8 Teilnehmende
Räumliche Erfordernisse	Freistehende Tische, auf denen auch mit Knete gearbeitet werden kann Karton, um die Tische abdecken zu können
Vorbereitung, Hilfsmittel	Verschiedene Materialien wie Playmobilmännchen, Papier, Knete und diverse Bastelmaterialien, die ein dreidimensionales Arbeiten ermöglichen und Kreativität anregen
Besondere Hinweise	Keine
Beschreibung der Übung	1. Schritt: Als erstes stellen die Teilnehmenden mit dem vorhandenen Material die jetzige Situation – in Bezug auf die Ziele – dar, so wie sie sich heute zeigen. (20 Minuten) 2. Schritt: Die Teilnehmenden stehen je an einer Tischseite des dreidimensional entstandenen Bildes. Sie betrachten das Bild von oben, von unten und von der Seite her und reflektieren aus ihrer Perspektive heraus laut folgende Fragestellungen, die von der Moderatorin/dem Moderator gestellt werden: • Was gefällt mir an diesem Bild? • Wo ist Energie? • Was gefällt mir gar nicht, wo zeigt sich für mich Frustration? (ca. 7 Minuten) 3. Schritt: Die Teilnehmenden wandern zur nächsten Tischseite im Uhrzeigersinn weiter. Sie gucken wieder von oben, von unten und von der Seite her. Die Frage lautet: Welches sind die wichtigsten Herausforderungen, denen wir begegnen? (ca. 7 Minuten) 4. Schritt: Wiederum eine Tischseite weiter wandern und die nächste Frage beantworten: Welches sind die Grenzen, die uns halten, die uns hindern, uns zu bewegen? (ca. 7 Minuten)

Beschreibung der Übung	5. Schritt: Wandern zur letzten Seite und zur Frage: Was ist das Alte, das sterben sollte? Was könnte das Neue sein, das geboren werden möchte? (ca. 7 Minuten) 6. Schritt: Die Teilnehmenden gestalten nun zusammen aus der vorhandenen gestalteten Situation das dreidimensionale Bild ihrer Ziele für die Zukunft. (20 Minuten) 7. Schritt: Die nun entstandenen Ziele werden anschließend in Wort gefasst, notiert und weiterverarbeitet.
Auswertungsfragen	• Was ist das Neue an unseren Zielen? • Was hat uns der jeweilige Perspektivenwechsel gebracht? • Welche Potenziale haben wir in unserem Team entdeckt? • Welche Perspektiven einzunehmen war leicht, welche eher schwierig? • Welche Aussagen haben mich überrascht, waren für mich wirklich neu?

3.5.72 Zielfindung und Interessenklärung

Autorin	Anke Loose, in Anlehnung an Gellert/Nowak
Passend für Felder	(Wechselwirkung) Ziele
Entwicklung der Diversity-Kompetenz	Empathische Kommunikation
Darum geht's	Transparenz über unterschiedliche Ziele und Interessen im Team erhalten und daraus eine gemeinsame Basis vereinbaren
Ziele	Klarheit über individuellen Ziele der Teilnehmenden erlangen und eine gemeinsame Basis aushandeln
Benötigte Zeit	Ca.120 Minuten
Teilnehmende	Bis 16
Räumliche Erfordernisse	Keine
Vorbereitung, Hilfsmittel	2 Kreise als Zielscheibe auf Metaplanwand (Innenkreis, Außenkreis, Außenbereich) Metaplankarten
Besondere Hinweise	Wenn sehr unterschiedliche Ziele und Interessenlagen da sind und die Teammitglieder z. B. nicht freiwillig dabei sind, kann diese Transparenz zu einem Auseinanderbrechen des Teams führen.
Beschreibung der Übung	Jedes Teammitglied schreibt seine 3–5 wichtigsten Ziele, Interessen oder Wünsche, betreffend die Teamarbeit, auf je eine Karte. Die Teammitglieder stellen der Reihe nach ihre Karten vor. Bei jeder Aussage wird gemeinsam überprüft, inwieweit die anderen Teammitglieder diesem Aspekt zustimmen. Danach werden die Karten auf die Zielscheibe gepinnt: Aussagen, in denen Konsens besteht, in den Innenkreis; Aussagen, die nur von einigen Teammitgliedern geteilt werden, in den Außenkreis; Bedürfnisse, die niemand teilt, bleiben im Außenbereich. In einem nächsten Schritt können Verhandlungen geführt und eventuell Kompromisse formuliert werden, mit dem Ziel, weitere Karten in die Mitte zu legen.
Auswertungsfragen	• Wie tragfähig für eine Zusammenarbeit ist die gemeinsame Mitte? • Wie störend wirken sich unterschiedliche Interessenlagen und Bedürfnisse auf die Erreichung der Teamziele aus? • Was davon kann toleriert und integriert werden? Was ist nicht integrierbar und bedarf einer Klärung? • Welche Struktur und Zeitplanung entspricht am besten der deutlich gewordenen Interessenlage?
Variante	Statt Ziele können auch Regeln und Umgangsformen für die Zusammenarbeit auf diese Weise gesammelt werden.

3.5.73 Zugehörigkeiten explorieren

Autorin	Erika Lüthi
Passend für Felder	Wechselwirkung Resonanz
Entwicklung der Diversity-Kompetenzen	Umgang mit Wahrnehmungen Sicherheit im Umgang mit sich selbst
Darum geht's	Diese Übung eignet sich für den Einstieg in die Arbeit sowohl für neue als auch bestehende Teams, da der Blick auf die Unterschiedlichkeiten und deren Wirkung aufs Gesamte, immer wieder spannend ist und auch Neugierde weckt.
Ziele	Für unterschiedliche Zugehörigkeiten und Sichtweisen sensibilisieren und deren Wirkung aufs Team erkennen
Benötigte Zeit	Je nach Anzahl der Identitätsgruppen und Fragestellungen bis zu 45 Minuten
Teilnehmende	Ab 10 Personen, nach oben unbeschränkt
Räumliche Erfordernisse	Je nach Anzahl Teilnehmende
Vorbereitung, Hilfsmittel	Tische und Stühle sind an den Seiten des Raumes aufgestellt.
Besondere Hinweise	Diese Übung gibt mir als externe Beraterin einen schönen Überblick über die unterschiedlichen Gruppierungen und die Anzahl der Vertreter und Vertreterinnen. Die Anzahl alleine kann schon zu Aha-Erlebnissen führen und Wege freimachen für Empathie und Verständnis.
Beschreibung der Übung	1. Schritt: Unterschiedliche Gruppierungen (wie Lebensalter, Institutionsalter, Frauen – Männer, unterschiedliche Disziplinen, Teilzeit-, Vollzeitarbeitende usw.) stellen sich im Raum auf. 2. Schritt: Austausch innerhalb der Gruppierungen mit dem Hinweis, darauf zu achten: Welche Themen entstehen oder unter dem Aspekt „was ist das Besondere an unserer Gruppierung" oder „was unterscheidet uns von den anderen"? 3. Schritt: Jede Gruppe fasst ihre Themen und Erkenntnisse zusammen und teilt diese – immer noch im Raum stehend – den anderen kurz mit.
Auswertungsfragen	Reflexion zu zweit: • Was lösen die unterschiedlichen Zugehörigkeiten bei mir aus? • Wo fühlte ich mich dazugehörig, wo eher nicht? • Welche Merkmale dieser Identitätsgruppen haben mich geprägt? • Inwiefern beeinflussen sie mein Denken und Handeln, meine Sichtweise auf unser Team?
Varianten	Nur eine der Identitätsgruppen in den Fokus nehmen – zum Beispiel die Unterscheidung „Lebensalter" mit der Fragestellung „was ist das Besondere unserer Altersgruppe, was beschäftigt und bewegt uns?" Reflexion im Plenum: • Was ist das Gute und Nützliche an diesem Unterschied? • Was sind unsere besonderen Bedürfnisse und ggf. Einschränkungen? • Was brauchen die Jüngeren von den Älteren, was die Älteren von den Jüngeren, was können die einen von den anderen lernen? • Wie wollen wir in Zukunft diesen Unterschied möglichst effizient nutzen?

4 Praktische Fälle und Designs

4.1 Einführung

Über die Übungen hinaus stellen wir in diesem Kapitel praktische Ablaufpläne vor. Sie unterstützen Sie insbesondere bei der kurzfristigen Entwicklung von Workshops. Außerdem dienen sie als Grundlage für eine geplante Teamentwicklung, die entsprechend der eigenen Situation verändert und angepasst werden können.

Wir haben uns entschieden, diese Ablaufpläne in den Kategorien Zeit, Inhalt/Thema, Ziel (bezogen auf das Modell) und Methode darzustellen.

Wir wissen, dass es nicht immer leicht ist, Ablaufpläne von anderen nachzuvollziehen, und meist hätte man an der einen oder anderen Stelle vielleicht anders agiert. Daher finden Sie vor jedem Design eine kurze Darstellung der Ausgangssituation, um Ihnen unsere Schritte etwas zu verdeutlichen.

4.2 Design 1: Die Kraft der Vielfalt – Workshop in Form einer internen Weiterbildung

Ausgangslage

Die Leiterin des Wohnbereiches einer Wohn- und Arbeitsgemeinschaft von Körper- und Mehrfachbehinderten (ca. 40 Mitarbeitende) beschäftigt sich schon lange mit dem Thema Diversity. Sie ist überzeugt, dass für die optimale Pflege und das Wohlbefinden der Bewohnenden das Nutzen der Vielfalt ein tägliches Muss ist. Voraussetzung ist aus ihrer Sicht, dass eine Auseinandersetzung mit der vorhandenen Vielfalt und deren Umgang damit offengelegt werden, damit die Unterschiedlichkeiten als Quelle der Kraft zum Nutzen der Bewohner und Bewohnerinnen, zum Wachsen für sich selbst und als Team dienen können.

Ausgangshypothesen:

- Die Teams und die einzelnen Teammitglieder beschäftigen sich damit, was richtiges oder falsches Handeln ist, wer im Umgang mit den Bewohnenden und im Setzen der Prioritäten „es richtig macht“.

- In der wertschätzenden Kultur sind Brüche entstanden. Unterschiedlichkeiten führen zu Diskussionen und Bewertungen, Ähnlichkeiten zu Bündnissen, die hinter dem Rücken gegen die anderen eingesetzt werden.
- Es besteht der Anspruch nach Harmonie im Sinne von „wir sind doch alle gleich oder/und wir haben doch alle gleich zu sein".
- Das gemeinsame Ziel und der gemeinsame Auftrag sind in den Hintergrund gerückt.

Ziele der internen Weiterbildung

Folgende Ziele wurden zusammen mit der Bereichsleiterin und den beiden Teamleiterinnen vereinbart:

- Der Umgang mit Unterschiedlichkeiten ist bewusst gemacht und die Möglichkeit des wertschätzenden Umganges damit erweitert.
- Unterschiedlichkeiten werden als Ressource aufgezeigt. Es wird erkannt, dass Verschiedenheit auch eine Chance ist und entlasten kann.
- Die Kraft des Gemeinsamen und Verbindendem wird erlebbar gemacht.
- Die Vielfalt wird als Spiegel und Möglichkeit zum eigenen Lernen genutzt.
- Selbstreflexion wird ermöglicht und die eigene Vielfalt ist gestärkt.

Ablauf des Workshops

Das Vorgehen in diesem Workshop richtet sich an den Feldern des Modells aus. Mit Inputs, eigenem Erleben, Reflektieren und Übungen erleben die Teilnehmenden den Prozess und erarbeiten gemeinsam die Übertragbarkeit des Erlebten in den beruflichen Alltag.

Zeit	Thema/Inhalt	Ziel	Methode/Arbeitsform/Name der Übung
5'	Begrüßung Einstimmen ins Thema	- Aufzeigen der Einbettung und der Wichtigkeit des Themas in der Organisation	Vorgeschichte erläutern
5'	Ziele und Ablauf	- Bekannt machen der Ziele und des geplanten Ablaufes	
20'	Erwartungen und Fragestellungen, Zielsetzungen der Teilnehmenden	- Verbindung herstellen zwischen dem Geplanten und dem Erwünschten - Die vorgegebenen Ziel überprüfen	Kleingruppe zu dritt: - Was erwarte ich vom heutigen Tag? - Was müsste passieren, damit ich um 17.00 Uhr sagen kann, es hat sich gelohnt, diesen Tag gemeinsam zu verbringen?

Zeit	Thema/Inhalt	Ziel	Methode/Arbeitsform/Name der Übung
			Offene Fragen zum Thema: - Was bewegt mich, möchte ich erfahren? - Was geht mir durch den Kopf, wenn ich den Umgang mit Unterschieden und Ähnlichkeiten höre? Auf Karten schreiben, sammeln und zum Tagesablauf zuordnen
30'	Erste praktische Annäherung	- Unterschiede im Team bewusst machen und offenlegen	Übung 3.5.12: „Diversity-Landkarte“
30'	Eigener Umgang mit Unterschieden und Fremdem	- Auseinandersetzung mit dem eigenen Umgang mit Unterschieden	Übung 3.5.4: „Bildbetrachtung“
10'	Umgang mit Unterschieden: Input	- Die unterschiedlichen Phasen im Umgang mit Fremden kennenlernen	Input: Milton-Bennett-Modell (siehe „Developmental Model of Intercultural Sensitivity“ von Milton Bennett, Seite 35)
30'	PAUSE		
60'	Vielfalt explorieren, Stärken entdecken	- Erkennen der eigenen Vielfalt und derjenigen im Team - Verstärkung der Ressourcenorientierung	Übung 3.5.43: „Ressourcenbild“
15'	Eigen- und Fremdwahrnehmung und deren Wechselwirkung	- Erkennen der Wechselwirkung zwischen der Eigenwahrnehmung und dem gegebenen Feedback	Reflexion (im Plenum, allein oder zu zweit) - In welchen Bereichen gab ich Feedback? - Welche Ressourcen erkannte ich? - Was fällt mir an meinen gegebenen Feedbacks auf? Welche Wertvorstellungen von mir sind dahinter? Was zeigen sie, was mir wichtig ist? Was habe ich vielleicht auch ausgeblendet? - Was habe ich Neues über mich gelernt, an mir entdeckt?
	MITTAGSPAUSE		
1h 55'	Nutzen der Vielfalt	- Nutzen der Vielfalt erkennen - die Kraft der Synergie erleben	Übung 3.5.27: „Forscher/-innen und Bergführer/-innen“, Variante Königinnenreich mit den 3 Untergruppen Handwerker/-innen, Ärzte/Ärztinnen und Künstler/-innen
25'	PAUSE		
20'	Nutzen von Diversity in der Organisation	- Die Bedeutung des Nutzens von Diversity für die Organisation benennen - Die Vielfalt als Nutzen für das einzelne Teammitglied, die Bewohnenden (Kunden und Kundinnen), das Team und die Organisation erkennen	Gemeinsam mit der Gruppe entwickeln, mit Karten oder als Mindmap

Zeit	Thema/Inhalt	Ziel	Methode/Arbeitsform/Name der Übung
20'	Offene Fragen	- Transfer zwischen dem Gelernten und den Fragestellungen herstellen - Offene Fragen klären	Murmelgruppe zu dritt (die gleichen wie zu Beginn): - Was kann ich vom Gelernten und Erfahrenen auf meine Fragestellungen und Ziele, Erwartungen zu Beginn des Workshops übertragen? - Offene Fragen oder Fragen, die bleiben Plenum: Offene Fragen klären
20'	Umsetzung des Gelernten	- Das Gelernte wird nochmals reflektiert, konkretisiert, mitgeteilt und somit offengelegt.	Übung 3.5.10: „Dialog – Entdecken neuer Möglichkeiten" Die folgenden Fragestellungen liegen sichtbar am Boden: - Was nehme ich mit in meine berufliche Arbeit? Im Arbeiten mit den Bewohnenden und im Team? - Wie wollen wir das Gelernte umsetzen, was, wie und wo setze ich das Gelernte um? - Was brauchen wir, um in Zukunft Unterschiede und Vielfalt besser nutzen zu können? - Was brauche ich, was biete ich an?
10'	Schlussfeedback und Ausklang	- Abrunden, abschließen - Ausklingen lassen	Was ich noch unbedingt sagen möchte …

Nachbereitung mit den beiden Teamleiterinnen und der Bereichsleitung

Rückmeldungen zum Workshop:

Der Workshop gab Boden, die Toleranz hat sich vergrößert, die Fähigkeiten werden gelten gelassen, die Atmosphäre ist entspannter, gelöster, es wird mehr gelacht. Das Verständnis dafür, dass es 2 verschiedene Teams gibt und geben darf, ist gewachsen. Die Anlage des Tages war optimal geeignet, um schwelende Sachen zu packen und zu schauen, dass aus dem schwelenden Feuer kein Flächenbrand wird. Es war hilfreich, dass der Workshop von jemandem durchgeführt wurde, der einerseits von außen kam, andrerseits in der Institution bereits bekannt war und akzeptiert wird. Dies war eine gute Voraussetzung, um sich einlassen zu können und das Thema zu vertiefen.

Weitere Begleitung erfolgt in der Supervision der einzelnen Teams, in Sitzungen, Feedbackrunden und Aussprachen.

4.3 Design 2: Training – Diversity-Kompetenzen; Chancen in der Vielfalt entwickeln

Ausgangslage

Dieser Workshop wurde als offenes Seminar für Mitarbeitende in Behindertenorganisationen, die Interesse hatten, sich mit dem Thema auf der persönlichen Ebene auseinanderzusetzen, konzipiert und durchgeführt.

Ausschreibung und Ziele

Im gemeinsamen Workshop vertiefen Sie Ihre Diversity-Kompetenzen. Sie erfahren, wie Unterschiede als innovative Kraft genutzt werden können und was die Voraussetzungen dazu sind. Sie lernen Ihre eigenen Muster im Umgang mit Fremdem kennen sowie Instrumente, die den Umgang mit Unterschiedlichkeiten erleichtern, und übertragen sie auf den eigenen beruflichen Alltag.

Zeit	Thema / Inhalt	Ziel	Methode / Arbeitsform / Übung
15'	Ankommen: Begrüßen, Ziele, Ablauf, Erwartungen, gemeinsamer Einstieg	Erstes Kennenlernen	Einstiegsrunde – jede Teilnehmerin/jeder Teilnehmer äußert sich zu folgender Frage: Wer bin ich? Was hat mich bewogen, heute zu kommen?
15'	Erwartungen und Fragen	Erwartungen klären	Zu zweit auf Karten sammeln: - Was bringe ich mit an Fragestellungen, Wünschen, Erwartungen, Anliegen? - Im Plenum erläutern, sammeln und dem Ablauf zuordnen
30'	Persönlicher Einstieg	- Erste Auseinandersetzung/ Annäherung ans Thema - Grundlagen für den theoretischen Einstieg schaffen - Für Gemeinsamkeiten, Ähnlichkeiten und Unterschiede sensibilisieren	Übung 3.5.7: „Dazugehören oder Fremdsein“ Schritt 1 und 2

30'	Theoretischer Einstieg mit praktischen Beispielen aus dem Alltag der Teilnehmenden	- Diversity und seine Entwicklung kennenlernen, Definitionen und Begriffe klären:
		  - Diversity (Identitätsgruppen)
		  - Diversity Management
		  - Diversity-Teamentwicklung
		  - Diversity-Kompetenzen	

Zeit	Thema / Inhalt	Ziel	Methode / Arbeitsform / Übung
		- Vorstellen der 4 Felder der Diversity-Teamentwicklung	- Die 4 Felder sichtbar und in verschiedenen Farben aufhängen - Praktischen Bezug nehmen zu den Einstiegsfragen
30'	PAUSE		
30'	Bewusst werden der eigenen Verhaltensweisen im Umgang mit Unterschiedlichkeiten	- Sich des eigenen Umganges mit Zuschreibungen bewusst werden - Eigene Muster im Umgang mit Fremdem erkennen - Sich gegenseitig über Annahmen kennenlernen	Übung 3.5.54: „Umgang mit Zuschreibungen“
10'	Theoretischer Hintergrund: Input	- Vertiefen der eigenen Erkenntnisse und Erfahrungen mithilfe des Milton-Bennett-Modells	Milton-Bennett-Modell
45'	Prägungen	- Verständnis für die eigenen kulturellen Wurzeln, für das So-geworden-Sein vertiefen - Reflektieren der Prägungen und Handlungsmuster im Umgang mit Fremdem	Übung 3.5.69: „What's inside my box“, Spaziergang zu zweit mit dem Fokus auf: - den Einfluss auf meine Haltung gegenüber Unterschieden und Ähnlichkeiten - den Einfluss auf meine Werte
5'	Zwischenstandort	- Kurzes Abgleichen zwischen den Bedürfnissen der Teilnehmenden und des gemeinsamen Arbeitens	Läuft es in diese Richtung, wie ich es mir gewünscht habe?
	MITTAGSPAUSE		
60'	Eigene Werte	- Die eigenen Werte sind bewusst gemacht und reflektiert	Übung 3.5.66: „Werteprofil erstellen“, Schritt 1 und 2
30'	Diversity-Kompetenzen 1 Empathische Kommunikation oder Umgang mit Wahrnehmungen	Einüben von diversity-kompetentem Verhalten: - Instrument kennenlernen, das den Umgang mit Unterschiedlichkeiten erleichtern kann	Übung 3.5.16: „Empathisch zuhören“, oder Übung 3.5.67: „Wertequadrat interkulturell“
	PAUSE		
30'	Offene Fragen	- Reflexion des bisher Erarbeiteten und Erlebten - Die noch offenen Fragestellungen bearbeiten	Ordnen der beim Einstieg gesammelten Fragen: - Was ist noch offen? - Was brauche ich noch?

Zeit	Thema / Inhalt	Ziel	Methode / Arbeitsform / Übung
30'	Diversity-Kompetenzen 2	- Kennenlernen der Diversity-Kompetenzen - Bewusst werden der eigenen Diversity-Kompetenzen - Festlegen, worauf jeder Teilnehmer/jede Teilnehmerin in Zukunft besonders achten möchte	Input: - Fragebogen Selbsteinschätzung Diversity-Kompetenzen (siehe Übung 3.5.11 „Diversity-Kompetenzen erkennen“ oder Diagnosetool Diversity-Kompetenzen) - Die Teilnehmenden legen offen, auf welche 3 Punkte sie in der nächsten Zeit fokussieren
20'	Transfer auf den eigenen beruflichen Alltag	- Möglichkeiten der Implementierung in der eigenen beruflichen Arbeit entwickeln	Plenum: - Was habe ich heute gelernt? - Was davon setze ich in meiner beruflichen Arbeit ein? - Was melde ich meiner Organisation zurück? - Was bringe ich in mein Team ein?
10'	Evaluation		Stimmen zum heutigen Tag: - Angenommen, Sie treffen auf dem Heimweg einen guten Freund, eine gute Freundin und er/sie fragt sie, was hast du denn heute gemacht? - Angenommen, Sie müssten zum heutigen Tag einen Zeitungsbericht schreiben, wie hieße der Titel?

4.4 Design 3: Diversity-Teamentwicklung in einem Change-Management-Prozess

Ausgangslage

Der Großbereich eines europäischen Konzerns wird restrukturiert. Der neue Kopf des Großbereiches legt besonderen Wert auf die Besetzung seiner ca. 120 Führungspositionen und deren Zusammenwirken im Sinne der neuen Vision. Er ist sich der Vielfalt der Führungsteams bewusst und schätzt sie auch als Ressource zur erfolgreichen Umsetzung des Wandels ein. Er ist jedoch nicht sicher, wie er diese Ressource aktivieren kann. Zusammen mit einer externen Beratung setzt er ein Change Management auf, das einen besonderen Schwerpunkt auf das Zusammenspiel der verschiedenartigen Führungspersonen setzt. Beispielhaft sei hier der Workshop mit dem neu etablierten vierköpfigen Direktorenteam beschrieben, in dem zunächst große Spannungen und Skepsis herrschen. Mit den Mitwirkenden – ein Westdeutscher, ein Ostdeutscher und zwei Slowaken – wurden vorher Interviews über ihre Ausgangsituationen und ihre individuellen Erwartungen geführt. Zwischen zwei der Beteiligten herrscht starke Spannung. Die Konzernsprache ist Englisch.

Ausgangshypothesen

- Nach schwieriger und sorgfältiger Auswahl der Zusammensetzung im Direktorenteam wurden erste gemeinsame Erfolge sichtbar.
- Alle vier formulieren den Wunsch nach der Vertiefung einer engen Zusammenarbeit. Es scheint allerdings noch Unsicherheit über die gegenseitigen Erwartungen sowie eine angemessene persönliche Nähe zu herrschen.
- Die Unterschiede zwischen den Teammitgliedern werden wohl wahrgenommen, jedoch nicht offen angesprochen oder gar genutzt.
- Die nächsten Hierarchieebenen beobachten sorgfältig das Direktorenteam. Werden sie ihre schönen Worte auch als Rollenmodell vorleben? Werden sie ihren eigenen Ansprüchen gerecht werden?
- Es herrscht scheinbar noch Unsicherheit über die interne Rollen- und Aufgabenaufteilung. Was darf ich, was muss ich, was kann ich? Wie frage ich nach Unterstützung?

Ziele des 1,5 tägigen Workshops

Folgende Ziele wurden mit den vier Direktoren vereinbart:

- Einander besser kennen lernen
- Gegenseitige Erwartungen kennen lernen
- Eine Plattform von Ehrlichkeit und Vertrauen schaffen, auf der eine Feedback-Kultur möglich wird
- Offenes Feedback auch in Krisensituationen ermöglichen
- Den Weg klären, wie das Direktorenteam zu einem Vorbild des Miteinander in der neuen Organisation werden kann: entwickeln eines neuen Rollenmodells
- Zusammenspiel der unterschiedlichen und vielfältigen Führungskräfte vertiefen
- Die unterschiedlichen Ressourcen aktivieren

Ablauf des Workshops

In einer zentralen Teamübung schaffen sich die Teilnehmenden einen gemeinsamen Raum, in dem sie miteinander Ziele formulieren, Pläne schmieden und reflektieren. Als Grundlage diente das Diversity-Teamentwicklungsmodell.

Zeit	Thema / Inhalt	Ziel	Methode / Arbeitsform / Übung
10'	Begrüßung und Ablauf, Vorgeschichte	- Den Betreffenden wird die Vorbereitung verdeutlicht - Alle Beteiligten wurden und werden gleichermaßen gehört - Schwerpunkte der 1,5 Tage abstimmen	Beschreiben der Vorgeschichte: Mit jedem einzelnen wurde ein Interview durchgeführt.
20'	Ziele	- Fokussierung auf gemeinsam erarbeitete und geteilte Ziele	Erarbeiten gemeinsamer Ziele
30'	Feedback der von den Beratenden formulierten Ausgangshypothesen (s. o.)	- Externe Perspektive auf das Team anbieten - Diskussion über externe Perspektive erzeugt eine geteilte Wahrnehmung auf die Ausgangslage - Individuelle Unterschiede werden angesprochen - Unterscheiden von Wahrheit und Wahrnehmung - Die erarbeiteten Ziele nochmals überprüfen	Feedback aus den im Vorfeld geführten Interviews in Form von Hypothesen

Zeit	Thema / Inhalt	Ziel	Methode / Arbeitsform / Übung
240'	Unterschiede erforschen, neue Kompetenzen entdecken	- Spielerischer Umgang mit den unterschiedlichen Kollegen - Sich auf einen gemeinsames Ziel und den Weg dorthin einigen - Neue Kompetenzen erweitern den Blick aufeinander - Beteiligte gelangen auf spielerische Art miteinander in Wechselwirkung - Vertrauen bilden	Übung 3.5.8: „Der Hausbau“
	ABEND		
	Resonanz erleben – Erfolg gemeinsam feiern	- Erfolg der gemeinsamen Aktion wirken lassen - Beziehungen vertiefen	Barbecue am Lagerfeuer
	NÄCHSTER MORGEN		
60'	Reflexion der gestrigen Übung: Vielfalt explorieren, Stärken entdecken	- Erkennen der eigenen Vielfalt und derjenigen im Team - Verstärkung der Ressourcenorientierung	Kriterien für die Reflexion: - Leadership - Rollenaufteilung - Kommunikationsmuster - Initiative & Partizipation - Überraschende Kompetenzen - Lernschleifen
60'	Feedbackrunde	- Wahrnehmung und Wirkung verdeutlichen - Selbstreflexion anstoßen - Wechselwirkung sichtbar machen	Individuelles Feedback – Jeder zu Jedem in 2er-Spaziergängen à 15 Minuten
15'	Transfer		Was können wir davon in unserem Alltag gebrauchen?
60'	Führungsverhalten	- Unterschiede im Führungsverhalten deutlich machen - Die Unterschiede zu einem gemeinsamen Führungsverständnis integrieren	Unterschiedliche Dimensionen des individuellen Führungsverhaltens aufzeigen, zum Beispiel anhand eines Persönlichkeitstests
	MITTAGSPAUSE		
30'	Beziehung und Vertrauen	- Beziehungen vertiefen	Übung 3.5.14: „Diversity-Quiz“
45'	Zielabsprache für den Alltag, Entwickeln des Rollenmodells (Vorbild)	- Die veränderte Haltung und die geübte Wechselwirkung auf Ziele im Arbeitsalltag übertragen - Gemeinsam zur Resonanz kommen	- Wie wollen wir von unseren Abteilungsleitern wahrgenommen werden? - Woran werden sie diese Veränderungen erkennen? - Welche Schritte verabreden wir heute?

Zeit	Thema / Inhalt	Ziel	Methode / Arbeitsform / Übung
30'	Feedback	- Verstärken des zentralen Aspektes „Feedback“ - Anregen weiterer Selbstreflexion und Stärkung der Beziehungen	Übung 3.5.24: „Feedback-Geschenke“ Jeder erhält von den anderen 5 Minuten lang Feedback. Nur positiv bewertete Aussagen sind erlaubt.
45'	Zielabsprache für den Alltag, „Krisenmanagement“	- Die veränderte Haltung und die geübte Wechselwirkung auf Ziele im Arbeitsalltag übertragen	- Was sind für uns mögliche Krisensituationen? - Welche Verabredungen wollen wir für diese Krisensituationen treffen? - Welche Erlaubnisse, welche Spielregeln geben wir uns?
20'	Rückblick auf die 1,5 Tage	- Festigen der Arbeitsergebnisse	- Was nehme ich aus diesen Tagen für mich selbst und für unser Direktorenteam mit? - Was hat sich für mich verändert?
10'	Schlussfeedback und Ausklang	- Abrunden, abschließen - Ausklingen lassen	

Nachbereitung mit den Teilnehmenden und Rückmeldungen zum Workshop

Die gegenseitige Akzeptanz hat sich durch den gemeinsamen Workshop erheblich verbessert. Das Verständnis für Unterschiede im Verhalten insbesondere im Führungsstil und in der Kommunikation führen zu einem deutlich effektiveren Miteinander. Feedback wird regelmäßig praktiziert.

Die Rückmeldungen aus der Mitarbeiterschaft belegen, dass das veränderte Zusammenwirken im Direktorenteam auch in die Organisation ausstrahlt und dort wirkt.

4.5 Design 4: Optimierung der interdisziplinären Zusammenarbeit

Ausgangslage

Die Klinikleitung einer Klinik, deren Weiterbestehen immer wieder ein Thema ist, stellt in der interdisziplinären Zusammenarbeit Missverständnisse und Gehässigkeiten untereinander fest. Sie möchte dies in der alljährlichen 1 ½ tägigen Retraite thematisieren.

Ausgangshypothesen:

- Vor allem der Pflegedienstleitung ist es ein Anliegen, dass sich das Klima verbessert.
- Trotz der unbekannten Zukunft der Klinik ist eine hohe Motivation zur Verbesserung der Zusammenarbeit vorhanden.
- Es gibt große Unterschiede in der Art und Weise wie etwas kommuniziert wird und auch in den Erwartungen wie etwas kommuniziert werden soll.

Ziele des 1 tägigen Workshops

Die Retraiteverantwortlichen (die Pflegedienstleitung und deren Stellvertreterin) sind zugleich die Auftraggeberinnen. Sie erhoffen sich mit dem Workshop neue Lösungen, neue Perspektiven und einen Schub nach vorne. Folgende Ziele wurden mit ihnen vereinbart:

- Die Basis für die interdisziplinäre Zusammenarbeit ist weiterentwickelt.
- Ressourcen, Kompetenzen und gegenseitige Erwartungen sind offengelegt.
- Optimierungspunkte zu einer erfolgreichen Zusammenarbeit sind erkannt.
- Leitsätze zur Unterstützung der interdisziplinären Kommunikation sind festgelegt.
- Der Informationsfluss ist optimiert.

Ablauf des Workshops

Im Zentrum stehen gemäß Zielsetzungen folgende Inhalte:

- Vorhandene Ressourcen und Kompetenzen
- Gegenseitige Erwartungen für eine gute interdisziplinäre Zusammenarbeit
- Optimierungspunkte
- Kommunikationsleitsätze

Ablaufplan

Es waren 22 Teilnehmende aus den unterschiedlichen Disziplinen wie aus dem ärztlichen, betriebswirtschaftlichen und pflegerischen Bereich und auch aus unterschiedlichen Hierarchiestufen.

Zeit	Thema / Inhalt	Ziel	Methode / Arbeitsform / Übung
5'	Begrüßung, Ziele und Ablauf	- In Kontakt kommen - Vorstellen der Tagesziele	Präsentation
20'	Erwartungen sammeln und Ablauf überprüfen	- Alle Beteiligten werden gleichermaßen gehört und legen ihre Erwartungen an den heutigen Tag offen.	Fragestellung: „Angenommen, es ist 17.00 Uhr, was muss sich bis dann ereignet haben, damit Sie sagen können, es hat sich gelohnt, gemeinsam den Tag zu verbringen?" Arbeit in Triaden – die Anliegen werden auf Karten festgehalten und im Plenum vorgestellt.
20'	Unterschiede im Gesamtteam	- Bewusstmachen, dass es noch weitere Unterschiede als den Unterschied der Interdisziplinarität gibt	Übung 3.5.73: „Zugehörigkeiten explorieren"
10'	Das Gemeinsame benennen	- Fokussierung auf das Gemeinsame, das bereits formuliert wurde und als Leitlinie dienen soll sowohl für den beruflichen Alltag als auch für den gemeinsamen Workshop	Vorlesen des vorhandenen Leitbildes – insbesondere auch die Punkte zu Werten und der Zusammenarbeit
60'	Arbeit in der und vorstellen der eigenen Disziplin	- Sich innerhalb der eigenen Disziplin mit dem Gemeinsamen auseinandersetzen - Näheres Kennenlernen der anderen Berufsgruppen	Übung 3.5.55: „Unsere Disziplin" Darstellung in Form eines Bildes oder mit Symbolen
25'	PAUSE		
90'	Ressourcen und gegenseitige Erwartungen	- Offenlegen der Ressourcen und gegenseitigen Erwartungen - Erkennen der Optimierungspunkte in der Zusammenarbeit	Übung 3.5.39 „Postbote/Postbotin", 1. bis 4.Schritt
	MITTAGSPAUSE		
90'	Anliegen und Angebote	- Konkretisieren der Angebote	Übung 3.5.39 „Postbote/Postbotin", 5. Schritt im Plenum
25'	PAUSE		
10'	Das Besondere in der interdisziplinären Zusammenarbeit	- Erkennen der Erfolgsfaktoren	Input

Zeit	Thema / Inhalt	Ziel	Methode / Arbeitsform / Übung
60'	Kommunikationsleitsätze	- Sich auf ein paar wenige Kommunikationsgrundsätze einigen	Übung 3.5.35: „Leitsätze basierend auf Werten“, abgeändert mit Leitsätzen für eine erfolgreiche interdisziplinäre Kommunikation; Untergruppen nun interdisziplinär zusammengesetzt
10'	Auswertung: Stimmen zum Tag		

Besonderes:

Das Team bearbeitete die gemeinsamen Kommunikationsgrundsätze am nächsten Morgen ohne die externe Moderation ebenso das Thema Informationsfluss wurde von der Pflegedienstleitung und deren Stellvertretung noch aufgenommen unter dem Aspekt „Was brauchen wir nun zusätzlich voneinander und im besonderen zu diesem Thema noch?“

Nachbereitung

Ein halbes Jahr später:
Die konkreten Angebote laufen gut, konnten umgesetzt und auch noch weiter konkretisiert werden. Die Übung mit der Post hat sich aus Sicht der Auftraggeberin bewährt. Hingegen die Kommunikationsleitsätze blieben auf dem Papier. Als Fortsetzung müsste dies geübt und an konkreten Fallbeispielen reflektiert werden.

5 Anhang

5.1 Literaturverzeichnis

Aretz, Hans Jürgen; Hansen, Katrin: Diversity und Diversity Management im Unternehmen; 2002, Eine Analyse aus systemtheoretischer Sicht, Bd. 3, 2002, ISBN 3-8258-6395-6, Reihe Managing Diversity.

Belinszki, Ezter; Hansen, Katrin; Müller, Ursula (Hg.): Diversity Managment – Best Practices im internationalen Feld Bd. 2, 2003, 360 S., ISBN 3-8258-6097-3, Reihe Managing Diversity.

Barta, Thomas; Kleiner, Dr., Markus; Neumann, Tilo: Vielfalt siegt! – Warum *diverse* Unternehmen mehr leisten, McKinsey & Company 2011.

Bennett, M. J.: A developmental approach to training for intercultural sensitivity, International Journal of Intercultural Relations 10 (2), 179-95 (1986).

Bennett, M. J.: Towards ethnorelativism: A developmental model of intercultural sensitivity in M. Paige (Ed.), Education for the intercultural experience. Yarmouth, ME: Intercultural Press (1993).

Berger, Roland: Dreamteam statt Quote, Studie zu „Diversity and Inclusion, Roland Berger Strategy Consultants 2011, www.rolandberger.com, Suchwort „Dreamteam".

Blake, Robert; Mouton, Jane S.: Verhaltenspsychologie im Betrieb, 1986.

Bohnet, Iris; Geen, Alexandra van; Bazermann, Max: When Performance Trumps Gender Bias: Joint vs. Separate Evaluation; Management Science; 2015.

Bourke, Juliet; Dillon, Bernadette: The six signature traits of inclusive leadership, Thriving in a diverse new world, 2016 https://www2.deloitte.com/insights/us/en/topics/talent/six-signature-traits-of-inclusive-leadership.html.

Bourke, Juliet; Dillon, Bernadette: The diversity and inclusion revolution: Eight powerful truths, in Deloitte Review, issue 22, Jan 2018, https://www2.deloitte.com/insights/us/en/deloitte-review/issue-22/diversity-and-inclusion-at-work-eight-powerful-truths.html.

Bourke, Juliet; Which two Heads are better than one? How diverse teams create breakthrough ideas and make smarter decisions, Australian Insitute of Company Directors 2016, zitiert in "The diversity and inclusion revolution: eight powerful truths" Deloitte Review, Issue 22, Jan. 2018.

Brandes, Ulf; Gemmer,Pascal u.a.; Management Y, Agile, SCRUM, Design Thinking & Co: so gelingt der Wandel zur attraktiven und zukunftsfähigen Organisation; Campus Verlag, Frankfurt 2014.

Briggs, John; Peat, F. David: Die Entdeckung des Chaos, Eine Reise durch die Chaostheorie, Hanser Verlag München / Wien 1990

BSO-Journal Nr. 3 2004, 6. September 2004, Diversity Management: Orchestrierung der Potenziale, Herausgeber Berufsverband für Supervision und Organisationsberatung Schweiz, Bern.

Caye, J.-M.; Teichmann, C.; Strack, R.; Haen, P.; Bird, St.; Frick, G.: Hardwiring Diversity into Your Business, The Boston Consulting Group 2011.

Cherbosque, Jorge; Gardenswartz, Lee; Rowe, Anita: Emotional Intelligence and Diversity Series (Affirmative Introspection, Self Governance, Intercultural Literacy, Social Architecting), EIDI-Results, Washington 2005.

Cox, Th; Blake, St.: The Multicultural Organization in Academy of Management Executive, 1991.

Delikhan, Gerald Rohith: Interkulturelles Management, Sich sicher in fremden Kulturen bewegen, HRM-Dosseir, Nr. 10, 2000, SPEKTRA, Zürich.

De Liefde, Willem; Ubuntu, In der Gemeinschaft Lösungen finden und Entscheidungen treffen, Signum Verlag 2006.

Dobin, Frank: Alexandra, Kalev: Warum Diversity Programme scheitern, Harvard Business Manager, Dezember 2016.

Duhigg, Charles: How to build a perfect team – what google learned from its quest to build the perfect team, the New York Times Magazine, 2016 https://www.nytimes.com/2016/02/28/magazine/what-google-learned-from-its-quest-to-build-the-perfect-team.html.

Edmondson, Amy; Harvey, Jean-Francois: Extrem Teaming – Lessons in complex, cross-sector leadership, 2017.

Ellinor, L.; Gerard, G.: Dialog im Unternehmen, 2002.

Filler, E.; Liebig, B.; Fengler, M.; Varan, K.: Diversity and Diversity Management in Switzerland, A Study of the Top 500, Heidrick & Struggles Int., Chicago 2006.

Florida, Richard: The Rise of the Creative Class, Basic Books, 4. Auflage, New York 2003.

Foitzik, Andreas: Arbeitskreis Interkulturelles Lernen: Trainings- und Methodenhandbuch. Bausteine zur interkulturellen Öffnung, Diakonisches Werk Württemberg, Stuttgart 2001.

Francis, Dave; Young, Don: Mehr Erfolg im Team, 3. Auflage 1989, Windmühle GmbH.

Friedman, Thomas L.: Die Welt ist flach, Eine kurze Geschichte des 21. Jahrhunderts, Suhrkamp Taschenbuch Verlag 2008.

Gardenswartz, L., Rowe, A.: Managing Diversity – A Complete Desk Reference and Planning Guide, New York, 1998.

Gebert, D; Boerner, S; Kearney, E: Cross-functionality and innovation in new product development teams, A dilemmatic structure and its consequences for the management of diversity, Journal of Work and Organizational Psychology, Heft 15 (4) S. 431-458, 2006.

Gellert, Manfred; Nowak, Claus: Teamarbeit – Teamentwicklung – Teamberatung, ein Praxisbuch für die Arbeit mit Teams, Limmer Verlag, Meezen 2002.

Glasersfeld, Ernst von: Wissen, Sprache, Wirklichkeit, Braunschweig 1987.

Gloger, A: Multi Kulti in der Arbeitswelt, Manager Seminare, März 2000.

Gloger, Boris; Rösner, Dieter: Selbstorganisation braucht Führung – die einfachsten Geheimnisse agilen Managements, Hanser Verlag, München 2014.

Goldin, Claudia; Rouse, Cecilia: Orchestrating Impartiality: The Impact of Blind Auditions on Female Musicans, American Economic Review 90. S 715-741; 2000.GRID-Institut Recklinghausen: GRID-Teamentwicklung, 2000.

Gudjons, Herbert: Spielbuch Interaktionserzíehung, Verlag Julius Klinkhardt, 6. Auflage 1994.

Härri, Maja; Orths, Stephan: Das Resonanz-Konzept, Wirksam führen in Komplexität; Haufe Verlag, 2017.

Hammermann Andrea / Schmidt Jörg: Empirische Evidenz zur aktiven Förderung der kulturellen Vielfalt in deutschen Unternehmen

Hartkemeyer, M. & F.; Freeman, L.; Dhority: Miteinander denken – das Geheimnis des Dialogs, Verlag Klett Cotta, Stuttgart, 3. Auflage 2001.

Haselier, Jörg; Thiel, Mark: Diversity Management, Unternehmerische Stärke durch personelle Vielfalt, Bund-Verlag, Frankfurt 2005.

Hauser, Regina: Aspekte interkultureller Kompetenz – Lernen im Kontext von Ländern und Organisationen, Deutscher Universitäts-Verlag, Wiesbaden 2003.

Hofstede, Geert: Cultures and organizations, HarperCollins, London 1994; Culture´s Consequences, 1980.

Hogen, J.: Entwicklung interkultureller Kompetenz, 1997.

Hüther, Gerald: Was wir sind und was wir sein könnten, S. Fischer Verlag GmbH, 9. Auflage, Frankfurt 2012.

Hüther, Gerald: Wie gehirngerechte Führung funktioniert, managerSeminare Magazin, managerSeminare Verlags GmbH 2009, www.kulturwandel.org /inspiration/interviews--texte/index

Kaminski, Eva: Mit Spiel zum Ziel, in managerSeminare 11/12/2004

Kandolla, R.; Fullerton, J.: Diversity in Action, 1998

Kahneman, Daniel: Schnelles Denken, langsames Denken, Deutsche Fassung: Siedler Verlag, Auflage: 25, 2012.

Kahneman, Daniel: Thinking, fast and slow; Farrar, Straus and Giroux, New York 2011.

Kaufmann, Martin; Mangold, Roland; Altenbichler, Gertraud: Der Baum der Kybernetik, proEval 2007

Keller, Claude: Nachhaltiger Geschäftserfolg mit authentischem Management, in Hans Wielens, Paul J. Kohtes (Hg): Raus aus der Führungskrise, J. Kamphausen Verlag & Distrubition GmbH, Bielefeld 2006.

Kirton, Gill; Greene, Anne Marie: The Dynamics of Managing Diversity. A Critical Approach, Oxford, Boston, Butterworth-Heinemann, 2000.

Knoth, André: Managing Diversity. Skizzen einer Kulturtheorie zur Erschliessung des Potentials menschlicher Vielfalt in Organisationen, Tönning, Lübeck, Marburg, Der Andere Verlag, 2006.

Koall, Iris; Bruchhagen, Verena; Höher, Friederike (Hg.): Vielfalt statt Lei(d)tkultur Managing Gender & Diversity, Bd. 1, 2002, ISBN 3-8258-6098-1, Reihe Managing Diversity.

Königswieser, Roswita; Exner, Alexander: Systemische Intervention. Architekturen und Designs für Berater und Veränderungsmanager, Klett-Cotta 1999.

Köppel, Petra; Yan Junchen; Lüdicke Jörg: Cultural Diversity Management in Deutschland hinkt hinterher, Bertelsmann Stiftung 2007.

Köppel, Petra, synergy consult: Diversity Management in Deutschland: Ein Benchmark unter den DAX 30-Unternehmen, 2010, www.synergyconsult.de/pdf/ Benchmark_Diversity_Management_DAX30.pdf.

Kröhnert, Steffen; Morgenstern, Annegret; Klingholz, Reiner: Talente, Technologie und Toleranz – wo Deutschland Zukunft hat, Studie des Berlin Institut für Bevölkerung und Entwicklung 2007; www.berlin-institut.org/studien/talente-technologie-und-toleranz.

Kruse, Peter: Next Pratice – Erfolgreiches Management von Instabilität, Veränderung durch Vernetzung, Gabal Verlag, 6.Auflage, Offenbach 2011.

Kumbier, Dagmar; Schulz von Thun, Friedemann (Hg.): Interkulturelle Kommunikation: Methoden, Modelle, Beispiele, Rowohlt Taschenbuch Verlag, 2006.

Laloux, Frederic: Reinventing Organizations, ein illustrierter Leitfaden sinnstiftender Formen der Zusammenarbeit, Verlag Franz Vahlen München 2017.

Lange, Ralf: Gender-Kompetenz für das Change Management, Gender und Diversity als Erfolgsfaktoren für organisationales Lernen, Haupt Verlag, 1. Auflage 2006.

Lehmann, Ralph; van den Bergh, Samuel: Internationale Crews: Chance und Herausforderung, in io management Nr. 3, 2004.

Losche, Helga: Interkulturelle Kommunikation – Sammlung praktischer Spiele und Übungen, Ziel-Verlag, Augsburg 2003.

Luhmann, Niklas: Soziale Systeme: Grundriss einer allgemeinen Theorie, Suhrkamp, 4. Auflage, Frankfurt 1991.

Lüthi, Erika; Orths, Stephan: Diversity Management in Agogik Nr. 2, Juni 2006, 29. Jahrgang, Herausgeber: imo, Institut für Management- und Organisationsentwicklung, René Kemm, Haupt Verlag, Bern.

Maturana, Humberto & Varela, Francisco: Der Baum der Erkenntnis, Die biologischen Wurzeln menschlichen Erkennens, Goldmann 1987

Page, Scott E.: The Difference. How the Power of Diversity creates better Groups, Firms, Schools, and Societies, 2007, Thomas Pany, www.telepolis.de.

Pfeiffer, J. William; Jones, John E.: Arbeitsmaterial zur Gruppendynamik Teil 6, BCS Verlag, 1997.

Pfläging, Niels: Organisation für Komplexität, redline Verlag, 2014.

Peters Edda: Innovation braucht Vielfalt, subreport Verlag Schawe GmbH, 2012, www.idm-diversity.org/deu/infothek_peters_innovation.

Rohm, Armin (Hrsg.): Change-Tools - Erfahrene Prozessberater präsentieren wirksame Workshop-Interventionen, managerSeminare Verlags GmbH, 3. Auflage 2008.

Rosenberg, Marshall B.: Gewaltfreie Kommunikation, Junfermann Verlag, Paderborn, 6. Auflage 2005.

Roosevelt, Thomas R.: Management of Diversity – Neue Personalstrategien für Unternehmen. Wie passen Giraffe und Elefant in ein Haus? 1. Auflage Mai 2001.

Rossi, Bruno: Eine Konzeption zur nachhaltigen Entwicklung, in Agogik Nr. 3, September 2005, 28. Jahrgang, Herausgeber: imo, Institut für Management- und Organisationsentwicklung, René Kemm, Haupt Verlag, Bern.

Scharmer, C. Otto: Theorie U, Von der Zukunft her führen, Carl Auer Verlag, erste Auflage, Heidelberg 2009.

Scharmer, Otto; Käufer, Kathrin: Von der Zukunft her führen, Theorie U in der Praxis, Von der Ego-System zur Ökosystem- Wirtschaft, Carl Auer Verlag, Heidelberg 2014.

Schein, Edgar: Organizational Culture and Leadership; 1992.

Schneider, Susan; Barsoux, Jean Luis: Studie "Managing across cultures", 1997.

Schnorrenberg, Leonhard; Stahl, Heinz: Servant Leadership: Prinzipien dienender Führung in Unternehmen (Fokus Management und Führung, Band 3) 2014 Schulz von Thun, F.; Ruppel, J.; Stratmann, R: Miteinander reden: Kommunikationspsychologie für Führungskräfte, Rowohlt Taschenbuchverlag, Reinbek bei Hamburg 2000.

Senge, Peter: The 5th Discipline, 1990, oder Die Fünfte Disziplin, Klett-Cotta Verlag, 7. Auflage, Stuttgart 1999.

Senge, Peter; Kleiner, Art; Smith, Bryan e.a.: Das Fieldbook zur Fünften Disziplin, Klett-Cotta Verlag 1996.

Stuber, Michael; Achenbach, Stephan; Kirschbaum, Almut: Diversity, Das Potenzial von Vielfalt nutzen – den Erfolg durch Offenheit steigern, Luchterhand 2003.

Süß Dr., Stefan; Kleiner, Markus: Diversity Management in Deutschland, Studie Fernuniversität Hagen, M.A, Arbeitsbericht Nr. 15 Oktober 2005

Tatli, Ahu; Özbiligin, Mustafa: Diversity Management as Calling: Sorry, it is the Wrong Number. In Koall, Iris; Bruchhagen, Verena; Höher Frederike (Hg.): Diversity Outlooks. Managing Diversity zwischen Ethik, Profit und Antidiskriminierung, Münster: LIT (Managing Diversity, 6), 457 – 473, 2007.

Thomas, David A.; Ely, Robin J.: Making differences matter: A new paradigm for managing diversity, Harvard Business Review, S. 9-10, 1996.

Thomas, Alexander; Kinast, Eva-Ulrike; Schroll-Machl, Sylvia: Handbuch Interkulturelle Kommunikation und Kooperation, 2 Bände, 2003.

Trompenaars, Fons; Hampden-Turner, C.: Riding the Waves of Culture; London 1997.

Tuckman, B. W.: Developmental sequence in small groups, Psycholg. Bulletin, 63, 1965

Velasco, Cornelia von: Führen von und in verschiedenen Generationen in „Führung im Zeitalter von Veränderung und Diversity", Cornelia von Au (Hrsg), Wiesbaden 2017.

Schlippe, Arist von; El Hachimi, Mohammed; Jürgens, Gesa: Multikulturelle systemische Praxis, Ein Reiseführer für Beratung, Therapie und Supervision, Carl-Auer-Systeme Verlag, 2. Auflage, 2004.

Vopel, Klaus: Themenzentrierte Teamentwicklung, Bd.1–4, Iskopress, 1. Auflage, 1994.

Wielens, Hans; Kohtes, Paul J. (Hg.): Innovative Konzepte integraler Führung, Raus aus der Führungskrise, J. Kamphausen Verlag & Distribution GmbH, 1. Auflage, Bielefeld 2006.

Woolley, Anita Williams; Chabris, Christopher F.; Pentland A.; Hashmi, N., Malone, T. W.: Evidence for a Collective Intelligence Factor in the Performance of Human Groups, Science 29 October 2010: Vol. 330 no. 6004 pp. 686-688.

Studien (gelistet nach Erscheinungsdatum):

Costs and benefits of diversity, European Commission, Oktober 2003.

Balanceakt-Projekte erfolgreich durchführen von PA Consulting in Kooperation mit der Deutschen Gesellschaft für Projektmanagement, 2005.

The Business Case for Diversity, European Commission, September 2005

Mc Kinsey Report, Why Diversity matters, Jan 2015, Autoren: Vivian Hunt, Dennis Layton, and Sara Prince

„Diversity in Deutschland“, Studie anlässlich des 10-jährigen Bestehens der Charta der Vielfalt, durchgeführt von Ernst & Young 2016.

PageGroup, Diversity-Studie 2017 – Vielfalt wagen – Diversity als Erfolgsrezept

https://www.michaelpage.de/sites/michaelpage.de/files/PageGroup_Diversity_Studie_2017.pdf .

Deloitte-Studie Diversity and Inclusion: The reality gap 2017 Global Human Capital Trends, Bourke, Juliet; Garr, Stacey; Berkel van, Ardie; Wong, Jungle.

Diversity Index vom Institut für Finanzdienstleistungen Zug IFZ der Hochschule Luzern, 2017, www.diversity-index.ch.

Google's Team-Effectiveness Research: What makes a google Team effective?; Larry Kim; Inc.com, Nov. 2017

Mc Kinsey Report „Delivering Through Diversity“, Jan. 2018 Hunt, Vivian; Prince, Sara; Dixon-Fyle, Sundiatu,; Yee, Lareina.

International Labour Organization (ILO): Women in Business and Management Subtitle: A global survey of enterprises, May 2019. http://www.ilo.org/publns.

5.2 Autoren und Autorinnen

Erika Lüthi ist Erwachsenenbildnerin, Supervisorin und Organisationsentwicklerin. Sie hat langjährige Erfahrung im Begleiten von Veränderungsprozessen: Supervision, Teamentwicklung, Coaching und Organisationsentwicklung. Sie verwendet gerne Methoden, die Kopf, Herz, Hand und Seele miteinander verbinden, seien dies vertiefende Gespräche, unterschiedliche gestalterische Mittel, Visualisierungen und die Stille als mögliche Zugänge zur Lebenskraft und zum eigenen inneren Wissen. Sie ist Mitautorin des Buches „Strategie und Diversität" – eine Synthese von Fach- und Prozessberatung.

Hans Oberpriller ist Unternehmensberater und Gründer des Beratungsunternehmens synetz® - change consulting GmbH, dessen Kernkompetenz die Gestaltung von Veränderungs- und Transformationsprozessen ist. Er ist Betriebswirt, war viele Jahre Personal- und Organisationsentwickler und verfügt über langjährige Managementerfahrung. Heute begleitet er Changeprozesse, entwickelt Teams und ist Coach für das Management. Seine besondere Kompetenz ist es, in einem Prozess harte und weiche Themen zu integrieren und miteinander zu verbinden.

Anke Loose, Diplom-Kauffrau, ist seit fast 30 Jahren als Beraterin und Trainerin in verschiedenen Kontexten und Ländern erfolgreich. Sie hat 10 Jahre als interne Beraterin die tiefgreifende Kulturveränderung der Schott Gruppe weltweit begleitet. Ihre Arbeitsschwerpunkte sind heute: die Begleitung von Organisationen in Transformationsprozessen, das Training und Coaching von Führungskräften, Teamcoaching und Teamentwicklung – auch und besonders gerne von interkulturell zusammengesetzten Teams, sowie die Moderation von Workshops z. B. von Großgruppen, Strategieentwicklung, Reorganisationen u.v.m..
Sie ist häufig im Auftrag der Gesellschaft für Internationale Zusammenarbeit als Beraterin und Trainerin in verschiedenen Ländern und Kontinenten unterwegs – besonders gerne im frankophonen Afrika.

Stephan Orths ist Diplom-Ingenieur, Unternehmensberater und Inhaber des Beratungsunternehmens «synetz – changeprozesse». Seine Beratungskompetenz ist geprägt von 17 Jahren Managementerfahrung in Deutschland, Italien, Frankreich und den USA, gepaart mit einer intensiven, zertifizierten Ausbildung zum systemischen Coach und Organisationsentwickler. Diese außergewöhnliche Kombination bewährt sich nun auch seit dem Jahr 2000 in der Praxis der Beratung. Im Laufe seiner Karriere als Produktionsleiter und technischer Direktor in international renommierten Unternehmen managte er eine Reihe von wichtigen Veränderungsprojekten. Zu seinen Beratungsschwerpunkten gehören heute Change Management, Führungskräfteentwicklung sowie internationale Teamentwicklung und Coaching. Er ist Initiator der Talent Management Beratung «Leading Talents» und der Führungskräfteentwicklung «Wissensarbeiter führen».

Mitautorinnen und Mitautoren

Herzlichen Dank an unsere Mitautoren und Mitautorinnen, die mit einer Übung ihren Beitrag dazu geleistet haben, dass eine Vielfalt an praktischen Übungen zur Verfügung steht:

Katrin Bauer ist Dipl.-Psychologin und Teil der synetz-change consulting GmbH. Ihre Arbeitsschwerpunkte liegen im systemischen und stärkenorientierten Coaching, Teamentwicklungen, Mediation und Change Management.

Elisabeth Cohen, Supervisorin IAP/BSO, Theologin, Einzel- und Gruppensupervision, Begleitung von Reflexions- und Veränderungsprozessen mit Einzelpersonen und Gruppen

Dörthe Engelhardt, Trainings in den Bereichen: Führung, Kommunikation, Konflikte, Rhetorik, Präsentation; Theaterorientierte Trainings, Unternehmenstheater (Begleitung von Großgruppenveranstaltungen, Galas, Feiern)

Rolf Grillo, Diplom-Rhythmiker, Leiter des Instituts Rhythmik & Percussion, Freiburg. Er ist Mitbegründer des Rhythmustheaters Grillonny

Heike Hacker, Diplom-Psychologin, systemische Therapeutin und Beraterin (SG), systemische Supervisorin (hsi), Organisations- und Personalentwicklerin

Claudia Hartung, Supervision/Coaching, systemische Organisationsentwicklung, Gestaltung von Veränderungs- und Entwicklungsprozessen in Teams, Abteilungen und Organisationen

Dr. Marion Keil, Soziologin, eine der Gründerinnen und Geschäftsführende Gesellschafterin von «synetz – die Unternehmensberater». Sie hat zahlreiche Veröffentlichungen zu den Themen Diversity Management, Großgruppenmoderation, Netzwerkmanagement und systemische Beratung geschrieben. Marion Keil war Gründungsmitglied und Vizepräsidentin der Internationalen Gesellschaft für Diversity Management. (Verstorben am 31.12. 2017)

Andrea Lienhart ist seit 1995 erfolgreich als Managementtrainerin, Supervisorin und Coach in Deutschland, Österreich und Schweiz tätig. Sie begleitet Unternehmen, Teams und Einzelpersonen auf ihrem Weg, Veränderungsprozesse auszubauen, sich zu entwickeln und Zukunft zu gestalten. Zu ihren Kunden zählen Wirtschaftsverbände, mittelständische Unternehmen, Konzerne und Verwaltungen. Ihre Themenschwerpunkte sind Führung, Kommunikation, Karriere und Management.

Angelika Plett ist Organisationsberaterin, Mediatorin und Gesellschafterin bei mitte consult berlin. Schwerpunkte der Arbeit neben Führungskräfte-Qualifizierung, Teamentwicklung und Coaching sind die Implementierung von Diversity Management als unternehmensstrategisches Instrument und die Begleitung von Auslandsentsendungen. Zertifiziert im Intercultural Development Inventory, einem Instrument zur Erfassung interkultureller Kompetenz. Veröffentlichungen zu Diversity Management und zu Dialog.